中国科学院
科普专项资助

U0553419

揭秘纳米酶

跨越边界的催化智慧

阎锡蕴　冯　静◎著

机械工业出版社
CHINA MACHINE PRESS

纳米酶是由中国科学家发现的一类具有类酶催化特性的纳米材料，兼具酶的高效性、温和性，以及化学催化剂的稳定性，开辟了催化科学的新方向，成为理想的"下一代催化剂"。本书以深入浅出的语言和精彩生动的案例，带领读者走近这项充满未来感的原创科技成果，探索纳米酶从实验室走向医疗、环保、能源等领域的广阔应用前景。

作为主要面向青少年的原创科普图书，希望本书带给读者的不仅是一次科学知识的启蒙之旅，也是一堂激发科学精神、培育创新思维的思想课程。本书通过展现中国科研工作者的原创探索精神及其对科技的不懈追求，鼓励读者以科学的眼光观察世界，以创新的思维参与时代变革。

图书在版编目（CIP）数据

揭秘纳米酶：跨越边界的催化智慧/阎锡蕴，冯静
著. -- 北京：机械工业出版社，2025.7（2025.7重印）.
ISBN 978-7-111-78925-3

Ⅰ. TB383

中国国家版本馆CIP数据核字第2025EX5987号

机械工业出版社（北京市百万庄大街22号　邮政编码100037）
策划编辑：蔡　浩　郑志宁　　责任编辑：蔡　浩　郑志宁
责任校对：潘　蕊　陈　越　　责任印制：常天培
北京联兴盛业印刷股份有限公司印刷
2025年7月第1版第2次印刷
148mm×210mm·6.25印张·123千字
标准书号：ISBN 978-7-111-78925-3
定价：68.00元

电话服务　　　　　　　　　网络服务
客服电话：010-88361066　　机　工　官　网：www.cmpbook.com
　　　　　010-88379833　　机　工　官　博：weibo.com/cmp1952
　　　　　010-68326294　　金　书　网：www.golden-book.com
封底无防伪标均为盗版　　机工教育服务网：www.cmpedu.com

前 言

　　纳米，是十亿分之一米，是通向微观世界的入口。通过这一入口，人类得以操控物质的基本单元，催生出纳米科技——基于对物质在纳米尺度上结构与性能关系的深刻理解，发展精准操控与功能设计能力的科学体系。纳米科技正在重塑我们构建技术世界的方式。

　　酶，源自生命，是高效、精准、温和的天然催化剂，驱动并调控生物体内复杂的代谢网络，构成生命运行的基础。它是生物进化的智慧结晶，是亿万年自然选择塑造出的"分子机器"。

　　当"纳米"遇见"酶"，一个充满交叉与融合意蕴的新概念应运而生——纳米酶。21世纪初期，这一概念在中国首次被提出。从"偶然"发现纳米材料具有类酶催化活性，到揭示纳米尺度与微观结构赋予其类生物催化能力的独特机制，纳米酶理论在材料、化学、生物、物理等多个学科的交汇点上不断发展。它不仅拓展了催化科学的边界，提出了区别于传统化学催化与生物催化的全新催化方式，也为探索生命起源过程中无机分子如何走向有序化学网络提供了全新的视角。

在应用层面，纳米酶融合了天然酶的高效、温和与人工催化剂的稳定性，正在重塑催化技术的未来。同时，其具备的环境响应性、活性可调性、多重酶功能和易于系统集成等特性，使其在疾病诊疗、智能制造、绿色能源等前沿领域展现出广阔的应用前景。

请读者随本书开启一场穿越时空和尺度的科学探索，从纳米结构表面的量子效应，到38亿年前海底热泉中的生命萌芽；从化工厂的反应釜，到田野间的一株大豆；从实验室的反应瓶，到病床前的治疗装置；从当下的科技前沿，到未来的地月空间站……让我们在这场由中国科学家引领的世界级科技创新旅程中，跨越无机与有机的界限，连接人工与天然的边界，见证"微小"如何构筑"宏大"的无限可能。

在这本书的撰写过程中，张若飞博士协助核查了部分章节，马龙博士、侯亚欣博士提供了部分章节所需的资料与素材，徐冉等亦为相关内容贡献了宝贵的创意。在此谨向上述各位表示诚挚的谢意，同时一并感谢所有在本书编写过程中给予支持和帮助，但未能逐一列名的朋友们。

目　录

第六章　面向未来的智能催化体系

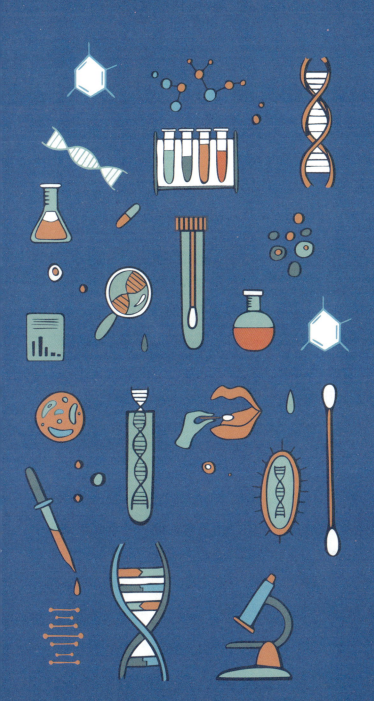

第一章

神奇的催化

唯有变化是永恒

　　约 46 亿年前，地球从太阳系的一团星云中诞生。它曾炽热如熔炉，继而缓慢冷却，最终形成大气与海洋。约 38 亿年前，原始生命悄然萌生。自此，地球成为生命的家园。从最初的单细胞，到如今千万种形态各异的生物，地球不仅孕育了生命，生命也在改变着地球。

　　世界之大，万象纷繁。从无机到有机，从非生命到生命，构成这一切的，归根结底不过是那九十多种元素。看似复杂的自然万象，其实是这些元素在物质守恒法则下的移形换位。例如碳元素，它在生物圈、大气圈、水圈和岩石圈之间流转不息。通过光合作用、呼吸作用、燃烧与沉积等过程，碳以蛋白质、脂肪和碳水化合物的形式存在于生命体内，以二氧化碳的形式飘浮在空气中，碳也在海水中形成碳酸，在岩石中变为碳酸钙，在地下沉积为化石燃料。这些过程，我们称之为"碳循环"。当然，不只是碳，所有元素都像自然手中的积木，被不断拆解、重组，构成新的物质形态，周而复始。原子重新排列组合产生新物质的过程就叫化学反应。

在人类真正认识化学反应之前，早就学会了使用它。青铜冶炼、陶器烧制、酒的酿造——这些工艺，古人熟练掌握，却未必知晓其中的原理。今天我们知道，火法炼铜的本质是氧化铜与木炭中的碳发生反应，将铜从矿石中还原出来；制陶是让黏土中的矿物在高温下重组，生成坚硬的硅酸铝；酿酒则是利用微生物将谷物中的糖类转化为乙醇。这些都是化学反应。如今，我们不仅理解了它们的原理，更主动设计化学反应，创造出自然界中以前并不存在的全新物质——从治病救人的药物，到改变世界的塑料、合成纤维、染料与新材料，化学反应早已走出实验室，融入我们的生活。

设想一下，如果世界上每一次化学反应都伴随着一束闪光，那我们的世界将是一场永不停歇的烟花盛会。而其中最绚丽的烟花，正是每一个活生生的生命体。你能想象吗？就在你读这段文字的同时，你体内正有无数的化学反应同步进行。138亿年前随着宇宙大爆炸产生的氢原子，如今或许正在构筑你的血肉，而当你呼出一口气时，它又可能以水蒸气的形式回归自然。

物质的转化，从未停歇。化学反应，不仅推动自然的运行，也维系着人类的生存。从地球初生的那一刻起，到我们呼吸的每一秒，化学反应始终在场。

唯有变化，才是这宇宙间真正的永恒。

催而化之

大多数化学反应的本质，是构成物质的原子之间的化学键"破旧立新"的过程。原有的化学键被打破，新的化学键建立，而这个过程并不轻松，它需要翻越一道看不见的能量屏障。这道屏障，科学上称为"活化能"。只有当反应物获得足够的能量，跨过这道活化能的门槛，才能进入活跃状态，真正的化学反应才得以发生。

某些条件能够助力物质完成"活化"，从而加快反应的进行，比如光照、高温、高压等。在干燥炎热的气候下，森林中的木材极易因高温而自燃，引发山火，这正是木材在高温下发生剧烈氧化反应的结果。早在文明尚未诞生的远古时期，人类就已经无意识地利用了这一原理，发明了钻木取火的技术，通过快速摩擦木材产生高温，从而点燃木屑，取出火种。据传说，中国古代的燧人氏因"钻燧取火以化腥臊，而民说之，使王天下"（《韩非子》），成为上古三皇之一。恩格斯也曾指出，钻木取火意味着"人类第一次支配了一种自然力，从而最终把人和动物分开"。在今天的现代化工生产中，这些条件依旧发挥着重要作用。高温、高压与光照，广泛用于石油炼制、化肥合成、塑料制备以及清洁能源的开发，成为推动化学反应不可或缺的动力。

除了外部条件，还有一些特殊的物质也能加速反应的进行，而它们本身却在反应前后保持不变。这类"幕后推手"被称为催化剂，而它们参与的反应则被称为催化反应。如果说高温高压是让反应物攀登活化能之山的助推力，那么催化剂更像是直接削平了山头，为反应开辟一条更低、更容易翻越的新路径——科学上称之为

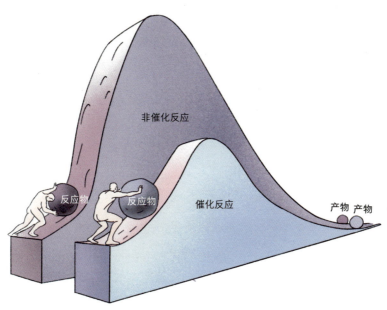

催化剂降低化学反应活化能

"降低活化能"。催化剂并不消耗自己，却改变了整个反应的节奏和效率，这种"润物无声"的力量，在自然界和工业中无处不在。

如今的催化概念，已经涵盖了化学催化和生物催化两大领域。事实上，虽然人类很早就已经在实际生活中利用了生物催化——比如酿酒、制作奶酪和腐乳、发酵面团来烤面包或蒸馒头等，但"催化"这一科学概念的提出与机制的研究，最初源自人们对化学催化的探索。只有当化学的视角渗透进生物学领域，人们才真正揭开了生物催化的本质，明白了这些看似"自然发生"的现象，其实也是一场场有规律、可控制的化学反应。

化学催化：现代"炼金术"

　　大约在化学从"炼金术"转变为科学的时代，人们就开始发现某些物质可以提高化学反应的速率。发明"催化"和"催化剂"名词的是瑞典化学家琼斯·雅各布·贝采里乌斯。相传贝采里乌斯无意中发现，不小心落入酒杯中的铂使乙醇氧化成了乙酸，而此前已经有人发现，铂能促进二氧化硫氧化为三氧化硫，并用这项发现申请了制取硫酸技术的专利。贝采里乌斯通过实验验证了铂能够促进乙醇和二氧化硫的氧化，而铂在反应前后没有发生变化。1836 年，他将这一研究发表在学术刊物上，并提出催化和催化剂的概念。贝采里乌斯的发现，以及随后化学动力学和铂的催化机制的发现，奠定了催化科学最初的基础。

　　催化科学从诞生开始，就是以化工生产为目的的。时至今日，所有化工生产行业中，大部分生产都依赖于催化剂的使用，全球每创造 3 元的 GDP，就有 1 元是来自催化反应。可以说，如果没有催化剂，现代人类将无法生存。合成氨工业的发展历史就是这一结论最具代表性的证明。

　　所有的生命形式都离不开氮元素的参与。从细胞功能的执行者蛋白质，到遗传信息的携带者核酸，再到组成细胞膜的磷脂，以及众多维生素、激素等分子，氮元素都是其重要的组分。不仅如此，氮还是构成叶绿素不可或缺的元素，而叶绿素作为光合作用的核心，使太阳能得以转化为化学能，奠定了生物圈的物质与能量基础。这其中的氮元素都是以与其他元素形成的化合态的形式存在，比如氨基酸、铵盐、硝酸盐等。尽管氮元素的单质形式——氮气是大气中含量最高的气体，但是绝大多数生物不能通过直接吸收氮气来获取氮元素。动物通过食物获取化合态氮，植物靠吸收土壤中的铵盐和硝酸盐获得化合态氮，而当所有生命最终回归大地时，机体中的氨基酸等分子会被某些微生物转化成铵盐和硝酸盐，重新成为土壤中可供植物利用的氮源。这样，在生物和土壤之间，就形成了一个氮的内循环。

延伸阅读

　　光合作用不仅是生物圈几乎所有食物和能量的来源，它还深刻影响着地球上的多个自然系统。每年，植物、藻类和蓝细菌通过光合作用将太阳的能量转化为化学能，这些能量通过食物链传递，支撑着从最微小的细菌到庞大的哺乳动物的生命活动。这是整个生物圈的能量基础，它们所合成的有机物为异养生物提供了必需的营养和能量。

光合作用的影响远不止于此。数亿年前，地球上的植物和藻类通过光合作用固定的碳和有机物，在特定的环境中埋藏并经过长时间的转化，形成了煤、石油和天然气等化石燃料。今天我们所依赖的能源，实际上是远古阳光的"遗产"，这也是化石燃料成为现代文明的能源基石的原因。

　　光合作用还深刻改变了地球的大气成分。光合作用产生的氧气改变了原始地球几乎无氧的环境。随着光合生物不断释放氧气，地球的大气最终富氧，从而演变出了今天以氧气为基础的呼吸生态系统。这一过程不仅为多细胞生物的进化提供了条件，也催生了今天复杂生命形式的多样性。

　　更广泛地看，光合作用是地球碳循环的核心驱动力。植物通过光合作用从大气中吸收二氧化碳，并将其固定为有机物，这一过程不仅调节了大气中的碳含量，也维持了生态系统内的碳平衡。与此同时，光合作用对水循环也至关重要。植物通过蒸腾作用将水分从土壤输送到大气，为全球水循环提供支持。

　　可以说，光合作用不仅是生命存在的基础，它在维持地球生态系统的稳定性、气候调节以及物质循环等方面扮演着不可或缺的角色。每一片绿叶、每一束阳光，都在塑造着地球生命的轨迹。光合作用不仅仅是自然界的"能量工厂"，更是整个生物圈生命延续与演化的起点。

实际上，氮的循环是跨越天地的，大气中的氮气作为地球最主要的氮储备，也参与着氮的循环。氮元素由氮气形式转变为化合态氮的过程被称为固氮。自然界存在一种"激烈"的固氮方式，当大气中产生闪电时，闪电周围会产生比太阳表面还高的温度，氮气在这种高温下与水和氧气反应，生成氨和硝酸，溶于水中落向地面。而生物的固氮方式则"温柔"得多，某些微生物拥有固氮酶，可以催化氮气转变为氨，这些微生物被称为固氮微生物，许多豆科植物就是由于与固氮微生物共生，才获得了比其他植物更高的蛋白质含量，例如花生、大豆、豌豆等。生物固氮过程可谓"低调"，静悄悄地就贡献了全球每年固氮量的 2/3 左右。与固氮相反的，将土壤中的硝酸盐还原为氮气释放回大气中的过程称为反硝化，这是反硝化细菌的无氧呼吸途径。在这个跨越天地的氮循环中，地面上的氮只是在不同化合态之间流转，而天地之间的固氮作用才是为生物圈提供氮源的"净收入"。

人类作为食物链顶端的生物，获取氮的方式就是从食物中摄取。从原始社会的采集和狩猎，到依靠种植作物和养殖畜牧，人类不断发展着生产方式，以便从自然中获取更多的食物。农谚有云："庄稼一枝花，全靠粪当家。"为了在有限的土地上获取更多的作物收成，人们利用动物粪便为作物提供更多的氮源。19 世纪，随着人口增长，农业生产对肥料的需求急剧增加。1798 年，著名的政治经济学家马尔萨斯指出，人口以几何级数增长，生活资料以算术级数增加，生活资料的增加赶不上人口的增长。而在氮循环中固氮

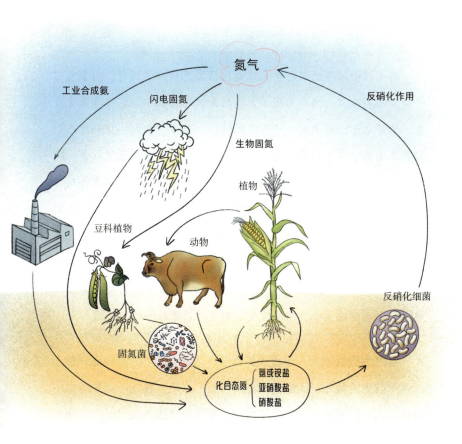

氮循环

量不变的情况下，地球上流转的化合态氮是有限的，因此，天然肥料成为越来越紧缺的资源，甚至曾经有因为争夺肥料而发生的国际战争。

延伸阅读

南美洲西海岸的阿塔卡马沙漠地区盛产硝石。同时，由于气候干燥、鸟类众多，当地形成了大量的天然鸟粪沉积。这些鸟粪富含氮、磷等元素，成为炙手可热的肥料。1879年，智利、玻利维亚和秘鲁三国为了争夺阿塔卡马沙漠的鸟粪与硝石资源而爆发战争。战争持续了四年，以智利的获胜而告终。智利不仅夺取了鸟粪与硝石资源所在的阿卡塔马沙漠地区的领土主权，还借此一跃成为南美太平洋地区的强国。而战败的玻利维亚和秘鲁，不仅有数十万人丧生，城市被毁，经济遭受重创，玻利维亚还因此失去了所有太平洋沿海领土，成为内陆国；秘鲁也失去了部分领土。这场"鸟粪战争"的影响绵延至今，深刻改变了南美洲乃至西半球的格局。

自然固氮能够为人类提供的氮源"入不敷出"，而即使守着大气这个巨大的氮库，人们也只能望"氮"兴叹，在几千年的历史中都缺少人工固氮的办法。这是为什么呢？那是因为氮气分子中两个氮原子之间的 N ≡ N 三键坚不可摧，这使得氮气在常温常压下表现出极高的化学稳定性。现在人们利用氮气保鲜和灭火，正是利用了它的惰性。在发现生物固氮现象之前，人们认为只有闪电这种激烈的条件才能打破 N ≡ N 三键。

自从发现催化剂能促进化学反应,利用催化剂实现人工固氮就成为催化剂领域的重要课题。20 世纪初期,德国化学家弗里茨·哈伯尝试利用昂贵的锇作为催化剂,并且辅以 600 摄氏度和 200 个标准大气压(约 20.3MPa)的高温高压条件,实现了将空气中的氮气与氢气反应生成氨气,后来又经过多次尝试,发现了更便宜的铁催化剂,并建成了第一座合成氨工厂。另一位德国化学家卡尔·博施在哈伯工艺的基础上继续改进了催化剂,并且设计了一整套合成

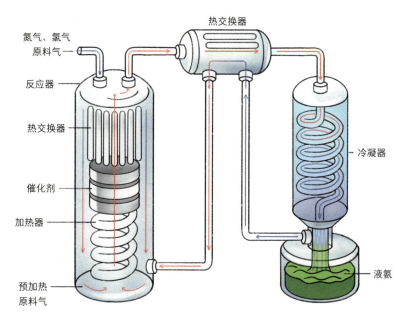

哈伯－博施法合成氨装置

弗里茨·哈伯和卡尔·博施

氨装置，使合成氨真正实现了工业化。如今，被称为"哈伯-博施法"的生产工艺仍然是最重要的合成氨工艺。

　　工业合成氨中的80%都用于制造氮肥。化学氮肥的诞生为提高全世界农作物产量发挥了举足轻重的作用，合成氨也被称为"向空气要面包"的技术。人工固氮成为除了生物固氮和闪电固氮外的第三种固氮途径。有统计显示，合成氨养活了世界上的半数人口，也就是说，你的身体里一半的氮都是靠合成氨提供的。哈伯和博施也由于合成氨对人类的巨大贡献分别获得1918年和1931年的诺贝尔化学奖。

　　历史的讽刺在于，合成氨技术问世后，德国并未优先将其用于制造化肥以滋养土地，而是迫不及待地将其转化为炸药，用在了一战的战场上。更具悲剧性的是，国际封锁加剧了农业崩溃和粮食危机，最终成为德国战败的关键因素。而这项技术的推动者哈伯，在革新了人类获取氮元素的方式后，又转身为德国研发毒气武器，首开化学战之先河，其负责研制和生产的氯气在伊普尔战役中造成数万人伤亡。1918 年诺贝尔化学奖授予这样一位"死亡化学家"，至今仍引发伦理争议。更具宿命意味的是，二十年后，纳粹德国将更先进的毒气技术用于系统性地屠杀犹太人——其中就包括哈伯的同胞，而这位流亡异乡的科学家最终在瑞士郁郁而终。这段历史警示我们，背离人类福祉的科技创新，终将反噬其创造者，唯有以造福人类为宗旨的科技发展，才是文明进步的正道。

　　除了合成氨，催化技术还奠定了整个现代化工产业的基础。从 19 世纪末期至今，催化工艺广泛应用于现代化工产业的各大核心领域。硫酸的大规模合成支持了纺织、冶金、农业的发展；石油裂解技术使得重油得以转化为轻质燃料，催化重整提升了汽油品质，推动了内燃机和汽车工业的腾飞；烯烃加氢技术催生了人造黄油等新型食品原料；聚合反应则带来了塑料的崛起，彻底改变了制造业和人们的日常生活；环境催化技术则帮助工业排放实现清洁化处理，为绿色发展铺路。

催化剂正在重塑世界的工业结构与经济基础。如果你此刻环顾四周，就会发现——你眼前几乎所有的工业制成品，都离不开催化剂的贡献——塑料瓶、合成橡胶制成的轮胎、芯片、发光材料、合成纤维衣物、化妆品、药品、清洁能源、农药、染料、洗涤剂……催化反应早已渗透到石化、环保、制药、能源、电子、食品、农业、纺织、建筑等相关的几乎所有工业领域。催化科学承载着人类文明的飞跃，正在创造下一个工业纪元。

酶：生命的催化剂

酶，就是生命中的催化剂。

生命如同一座庞大的化学工厂，细胞内成千上万种反应同时展开，却有条不紊地协同运作。每一项反应，都在酶的引导下完成分子的拆解与重组，源源不断地生成能量和构建生命所需的物质。这些反应并非各自为政，而是如齿轮般相互咬合，形成层层嵌套、环环相扣的网络结构。前一个反应的产物，往往正是下一个反应的底物。正是这套精密的系统，使细胞得以维持生命运作，并灵活应对环境的变化。酶为体内的化学反应赋予了方向和节奏，使生命不只是反应的集合，而成为一个自我维持、协调有序的系统。

让我们对正在阅读本书的你来个"子弹时间"特效，捕捉一下此时此刻你的体内正发生着怎样的酶促反应。想象时间凝滞，去观看你体内每个细胞都参与其中的酶促交响吧。

当目光聚焦在文字的瞬间，光线照射到视网膜感光细胞，在视黄醇脱氢酶、视黄醇异构酶、cGMP- 磷酸二酯酶和 Na^+/K^+-ATP 酶的接力下，光信号转变为神经信号传递到大脑。

　　与此同时，大脑中的神经元忙着解析你所看到的内容。ATP 合酶在细胞的线粒体中高效运转，源源不断地提供能量给神经元；蛋白激酶 A 活跃起来，调控神经传递；而腺苷酸环化酶则通过 G 蛋白信号通路精准调控神经元内 cAMP（环腺苷酸）水平，让你的思维如同流水般清晰流畅。

　　当上述过程让你认出你看到的字，它们和脑海中已经存储的图像和回忆紧密联动，通过 Ca^{2+}/ 钙调蛋白依赖性蛋白激酶 II、酪氨酸激酶和组蛋白去乙酰化酶的作用，为神经突触"塑形"，形成新的稳固的知识结构。

　　除了视觉和认知的过程，你的保障系统在后台一刻不停地运行。你的胃和小肠中的几十种消化酶正忙着消化两小时前你吃下的早餐，将肉、蛋、奶、米、面和蔬菜消化为最基本的营养物质，成为提供能量的资源库和合成所有功能分子的原料库；肌肉中的乳酸脱氢酶催化乳酸与丙酮酸的转化，防止静止不动时肌肉疲劳；随着时间的流逝，你的细胞内的超氧化物歧化酶和过氧化氢酶正在共同努力，清除产生的自由基，保护你的眼睛和大脑免受氧化压力的损害；口腔和鼻腔里的溶菌酶消融着进犯到呼吸道里的细菌，为你支起第一道免疫屏障……

　　这只是这一秒钟的"子弹时间"里你体内的酶促反应交响乐总谱里的一个小节，如果每一种酶都是一个乐手，那么你体内的这个乐队有几千人之众。这场恢宏的交响乐不眠不休，直到生命的尽头。

　　正如同大多数自然科学的发展历程一样，人类对酶的认识也经历了从无意识利用，到发现本质、阐明理论，再到有意识应用的过程。

　　人类对酶最早的无意识利用就是酿酒。从公元前8000年的中国，到公元前6000年的古埃及，农业刚刚开始萌芽，酒就诞生了。我们现在已经了解酿酒就是利用微生物中的酶将粮食或水果中的淀粉和糖转化为乙醇的发酵过程。而在此前的几千年中，人们虽然没有认识到发酵的物质基础，却模糊地意识到，是有什么东西帮助食物发生转化。汉字可以给我们提供认识事物发展脉络的有趣线索。

东汉酿酒画像砖

公元前 1300 年的甲骨文中就出现了"酉"和"酒"字，"酉"是尖底的酒器。此后，几乎所有与发酵有关的字都以"酉"为偏旁，例如，酿、醋、醴、酪、酱、酸、醇等，就连"醉"和"醒"也都与酒有关。这提示了，人们认识到这些发酵过程的本质是一样的。而"酶"字早在一千年前的宋朝时期就被收录入字典了，其释义为"酒母也"。生命化学的奥秘，千年前便已埋下伏笔。

对酶的真正认识，始于 19 世纪。

1833 年，法国化学家安塞姆·佩恩和让－弗朗索瓦·帕索兹首次从麦芽中分离出一种能将淀粉转化为糖的物质。这是历史上最早被记录的酶的发现。三年后，德国生理学家、细胞学说的奠基人之一西奥多·施旺又从胃液中提取出一种具有蛋白质分解能力的成分，并首次提出"代谢"这一术语。

这些物质究竟是什么？它们从哪里来，又为何能如此高效地促使化学反应进行？彼时的科学尚未回答这些问题。

1837 年，法国物理学家查尔斯·卡格尼亚德·德拉图提出了一个重要观点——酵母是一种有生命的有机体，而发酵正是由其生命活动驱动的。他将发酵过程首次明确地归因于生物体本身。但这一见解未立即被广泛接受。二十年后，路易斯·巴斯德重复了相关实验，并在 1857 年将这一观点呈报科学院，提出著名的"生机论"——只有活细胞才能进行发酵。

在 1878 年，德国化学家威廉·库恩首次提出"酶"（enzyme）一词，该词源自希腊文，意为"在酵母中"。这标志着"酶"作为科学术语开始进入化学和生物学的研究视野。

然而，科学的发展并非总是沿着逐步积累的轨迹前行。1897年，德国化学家爱德华·比希纳通过一系列精巧的实验，发现即便没有活的酵母细胞，仅仅是从中提取出的可溶性成分——细胞液，也能引发发酵反应。这一发现直接否定了"只有活细胞才能发酵"的生机论观点，也使酶不再被视为某种神秘的"生命力"，而是一类可以在细胞外稳定存在的、具有催化功能的物质。现代酶学由此拉开序幕，生物化学作为一门独立的学科也随之诞生。

但在那个时代，细胞内的亚结构尚未被观察到，蛋白质的本质也仍属未知，酶的真正身份尚未被揭晓。直到1926年，美国生物化学家詹姆斯·巴彻勒·萨姆纳从刀豆种子中提取出一种酶——脲酶，并首次将其结晶化，随后通过实验证明它是一种蛋白质。这一成果是对酶本质的决定性确认，也为之后的研究铺平了道路。

20世纪30年代，越来越多的酶被提取、纯化、结晶，科学家们逐步认识到，绝大多数酶都是蛋白质。尽管此后也有研究发现，某些RNA（如核酶）同样具有催化活性，但蛋白质酶依然构成酶学研究的主干。

今天，根据国际生物化学与分子生物学联合会（IUBMB）的统计，已有6876种酶被系统归类，根据其催化反应的类型，被分为七大类——氧化还原酶、转移酶、水解酶、裂合酶、异构酶、连接酶和转位酶。

作为支撑生命复杂化学网络的催化剂，酶在伴随生命进化的约

38 亿年中，获得了专一、温和、高效的特点。

专一且精准：一把钥匙开一把锁

酶的专一性是它们最为独特的特性之一，也是它们在生命过程中发挥重要作用的关键所在。酶的专一性主要体现在两个互相配合的层面——底物识别专一性和催化类型专一性。

底物识别专一性指的是酶能够精准识别并结合结构特定的底物分子。这种识别依赖于酶活性中心与底物之间在立体结构、电荷分布和官能团排列上的高度互补，就像是一把钥匙只能开一把锁，即使结构极为相似的分子，也可能分别由不同的酶来识别和催化。此外，酶的活性中心并不是完全刚性的结构，它常常具有一定的柔性和诱导契合能力。当正确的底物靠近时，酶分子会发生微小构象变化，使活性中心更加贴合底物的形状和电子特性，从而提高催化效率。这种"诱导契合"机制进一步增强了酶对底物的选择性与反应的专一性，既保证了高效催化，也防止了错误反应的发生。

催化类型专一性是指酶不仅只识别特定底物，还只催化某一类特定的化学反应。例如，同样以氨基酸为底物，转氨酶只负责转移其氨基，而脱羧酶则专门催化羧基的去除。这种专一性确保了即便多种酶识别的是同一个底物，它们所引发的化学反应也各不相同，不会混淆。这两种专一性共同决定了酶在细胞化学网络中的"身份"和"职责"，既决定了它"认谁为底物"，也决定了它"对底物做什么"，从而维系整个代谢系统的有序与精确。

在生物体内，代谢网络就像纵横交错的高速公路系统，每一条通路都是运送能量和物质的道路，而酶则是沿途负责放行或引导的"交通信号灯"。酶的专一性就像信号灯对车流的精准识别和调控，确保每种"代谢车辆"按正确方向行驶、准确抵达目的地。如果这种专一性发生错误，就如同信号灯识错了车型——让一辆重型货车误入自行车道，或将一条支路的车辆错误引入主干道，不仅造成局部拥堵，还可能引发连环事故。在生物系统中，这种误识别可能会导致代谢产物积累、毒性分子生成，甚至阻断关键反应路径，扰乱整个细胞乃至机体的代谢平衡。更严重的是，代谢通路高度耦合，一个节点的错乱会级联影响多个通路，最终演变为系统性疾病。这正是酶专一性如此重要的原因——它不仅关乎反应效率，更维系着生命运行这张庞大"生化路网"的稳定与安全。

在这张复杂的"生化路网"中，酶不仅承担着精准催化的职责，还负责对内外环境变化做出动态响应。例如，当细胞处于饥饿状态时，某些酶会被激活，引导"车流"迅速切换到能量供应优先的路径；而在营养充足时，代谢则转向储能与修复。这种动态调控依赖的前提，依然是酶对底物的高度专一性——它必须清楚"认得"哪些分子是该时刻应处理的"交通对象"，并准确调配资源。如果专一性失效，不仅会导致错误分子被激活，还会干扰原有的反馈调控机制，使细胞无法正确判断处境，错把警报当成常态、错将营养浪费为毒素。就像导航系统误判了实时路况，可能让车流堵死在支路上，却让主干道空置。因此，酶的专一性不仅维系着代谢网络的结构秩序，更保障了整个生命系统对环境刺激的敏捷与精准响应。

极致高效：瞬息之间，完成不可能的任务

碳酸酐酶是酶高效催化的典型代表。人体每时每刻都在产生二氧化碳，二氧化碳必须迅速转化为碳酸才能通过血液运送到肺部排出。如果没有碳酸酐酶的催化，二氧化碳转化为碳酸的反应将极为缓慢，身体每秒钟产生的 2.5×10^{19} 个二氧化碳分子，需要 27 秒才能完成转化。这样的速度，远远跟不上新陈代谢的需求，二氧化碳会迅速堆积，导致血液酸化，引发严重的酸中毒。但在碳酸酐酶的助力下，情况截然不同——每一个碳酸酐酶分子每秒可催化 60 万个二氧化碳分子转化为碳酸，而人体内约 10^{17} 个碳酸酐酶齐上阵，仅需约 0.001 秒，就能完成所有二氧化碳的转化。

如果生命没有进化出酶，这个世界将是一片死寂。生物体内的化学反应将变得极度缓慢，细胞将无法迅速获取能量，生长和繁殖陷入停滞。DNA 复制、蛋白质合成等生命基础过程难以进行，地球可能永远停留在化学进化的初级阶段。

温和催化：四两拨千斤的智慧

前文提到过的生物固氮，就是体现酶的温和性的最好例子。氮气分子内两个氮原子之间的三键，犹如三股紧紧扭在一起的钢缆，使两个氮原子牢不可分。现有的三种固氮方式都是如何破解三键之

间强大的键能的呢？如果说闪电固氮产生的30000摄氏度高温"熔断"使氮气活化，工业合成氨是用高温高压的"铁拳"暴力活化氮气分子，那么生物界的固氮酶则是用巧妙的"钥匙"在温和的生命条件卜轻松解锁氮气的坚固结构。它活性中心的金属团簇在ATP提供能量的辅助下，通过电子和质子的协调，轻巧地瓦解氮气分子的坚固键合，让固氮反应如同行云流水般自然。即使有了工业固氮，生物固氮仍然是全球氮循环中最大的一笔"氮收入"。而我们即使站在一片大豆田里，也难以察觉脚下的每一棵植株正在不断抓取着空气中的氮气，将之转变为氨，从而使大豆蓄积了比等量鸡蛋和肉类还丰富的蛋白质含量。这种"以柔克刚"的催化方式展示了生物化学的非凡智慧，也成为研究人工催化的灵感。如果有一天，我们能在实验室或农田中模拟固氮酶的机制，是否可以实现真正意义上的"绿色固氮"？

从极速催化，到精准无误的专一性，再到四两拨千斤的智慧，酶成为大自然历经亿万年雕琢出的完美适配生命的催化剂。

化学催化剂和酶的"殊途同归"

　　催化剂与酶的研究，起初像两列并行的列车，分别行驶在两条不相干的轨道上。直到 20 世纪 60 年代，随着对催化剂和酶的催化理论的不断认识，人们发现，无论是化学催化剂还是酶，都依赖于活性位点，都是通过与底物形成中间体降低反应活化能来加速反应速率。就这样，物质属性截然不同的两种催化剂，从理论上统一起来了。而在以应用为目的的发展中，二者原本主导不同领域，互不替代，终因产业需求的牵引，不约而同地迈向同一个方向。

化学催化剂：更高效，更专一

　　有了化学催化剂，才产生了现代化工业。而说起化工厂，你是不是马上联想到了林立的烟囱呢？是的，高耗能和高排放几乎成了化工行业的标签。根据国际能源机构（IEA）和其他研究机构的数据，化工行业的能源消耗约占全球工业的 30%，碳排放量约占全球工业的 17%。我们目之所及的化工产品，每一件都是以耗能和污染为代价来到我们眼前的。在当前应对气候变化，实现可持续发展的目标下，节能减排就成为化工行业最重要的任务。除了以清洁能源替代化石能源，如何改变催化反应所需的高温高压条件是化工行业进行节能减排工作的关键。

我们已经了解，催化反应的原理就像是帮助底物翻越活化能的山头，催化剂能降低山头的高度，而高温高压条件就像是给底物的助力。根据这个原理，催化剂越高效，化学反应就越少依赖于温度和压力的助力。所以化学催化剂的发展趋势近年来逐渐聚焦于高效性，推动着催化技术在各个行业的革新。

发明高效催化剂的策略，可以用"更强""更小"和"更有序"来简单概括。"更强"来自催化剂成分的更新迭代，以更活跃的物质替代原有催化剂成分；"更小"是指将催化剂颗粒的尺寸尽可能缩小，由于催化反应发生在催化剂表面，催化剂尺寸越小，暴露出来的表面就越多，能接触到底物的活性位点就越多；"更有序"就是给催化剂提供一个人造框架，框架高度有序的多孔结构就像是脚手架，使催化剂有序而分散地排布，暴露更多的活性位点，提高效能。这三种策略也经常被联合运用，例如在合成氨反应的改良工艺中，不仅以更活跃的钌代替铁作为催化剂的主要成分，同时借助石墨烯、碳纳米管等材料作为框架载体，使钌以单个原子形式分散其上，这样制得的钌单原子催化剂能使合成氨工艺所需的温度和压力显著降低，氨合成速率提高 2 倍。

而当化学催化剂应用于有机催化时，最主要的问题是专一性不强，特别是与自然的杰作——酶相比，化学催化剂粗糙得就像是新石器时代的石斧石刀。由于它不具有酶那样精准的立体结构，也就不能精准地控制反应，导致不需要的化学反应的产生，一方面使原料和能源被白白消耗于似是而非的反应，另一方面，要从一堆不需要的副产物当中把想要的产物提纯出来又是一道额外的工序，更严重的是，有些副产物还可能有毒有害。

一个极端的例子是手性药物的生产。所谓手性是指某些有机分子存在互为镜像的两种不同构象形式，就像是左手和右手的关系。尽管构象近似，手性化合物却可能有着截然不同的功效。酶催化的有机反应，可以专一到只产生其中的一种构象，即不对称催化。但是在 20 世纪使用的金属催化剂不具备这种专一性。20 世纪 60 年代，在治疗孕吐的药物沙利度胺的生产中，因为产物中混合着两种构象，具有镇静作用的 R 型和具有致畸作用的 S 型，致使 1 万多名新生儿出生时即有四肢畸形，造成了恶劣的后果。

德国科学家本杰明·李斯特决定向酶学习以创造不对称催化剂。酶之所以具有不对称催化专一性，首先是因为酶本身就是具有手性的分子，它的活性中心就像一个手性的模板，只能识别某一种手性底物。尽管酶可能由几百个氨基酸组成，但是活性中心往往只有几个甚至是一个氨基酸，就像是开锁时钥匙拨动锁簧的部位只是那几个关键的凸起一样。李斯特从"酶是不可分割的整体"的传统思想中跳出来，设想只利用一个氨基酸或是类似的有机小分子来催化有机反应的可能性。他选择了脯氨酸，因为脯氨酸容易形成具有催化作用的亚胺离子。这一尝试获得了成功，并且获得了手性产物。无独有偶，美国科学家戴维·麦克米伦也抛弃了金属催化剂，创造出具有形成亚胺离子能力的简单小分子催化剂，实现了不对称有机催化。

如今，不对称有机催化剂已经广泛应用于药物合成、天然产物合成、精细化学品生产等领域，并且由于其高效、环保、经济的特点，已经成为现代化学合成中不可或缺的重要工具。李斯特和麦克米伦因此获得了 2021 年诺贝尔化学奖。

酶：更稳定，更皮实

与化学催化剂来自"人工"，为应用而生的属性不同，人们对于酶的应用，更像是"巧借天工"。随着对酶的认识，最早实现工业化生产的酶，是此前已经无意识利用的酶，比如制造奶酪的凝乳酶、酱油发酵中的米曲菌淀粉酶、处理皮革的蛋白酶等。从直接利用微生物或是生物产物，到从中提取出酶，制造成酶制剂应用，许多传统行业实现了从手工到工业化的跨越，不仅提高了经济效益，也推动了可持续发展和现代化制造的进步。以皮革行业为例，在 18 世纪的伦敦，皮革行业是一个"臭名远扬"的行业，兽皮要浸泡在尿液中以去除残留的肉和毛，再糊满狗粪帮助软化和保存，熏天的臭气致使皮革行业被"驱逐"出伦敦。直到 20 世纪初期，科学家发现狗粪之所以能软化皮革，是因为其中含有能够降解蛋白质的蛋白酶，随后蛋白酶制剂开始在皮革行业中应用，为皮革业的环保发展起到了重要的推动作用。如今，酶制剂的应用已经从无意识利用的有限几个行业，拓展到了食品制造、洗涤剂、纺织、皮革、制药、农业以及环保行业。

然而，完美适配生命的酶，在工业化应用中就有些"水土不服"了。最明显的问题就是酶的稳定性差。蛋白质的柔性赋予了酶的精准性和高效性，但是当它离开温室般的生命环境，面对严苛的外部环境（温度、酸碱度、溶剂等）时，柔性反而成为不利因素，一点儿风吹草动就会让它发生构象的变化，丧失由精准构象决定的活性。因此，在工业应用中，酶的应用场景非常有限，而且酶常常难以长期保存或反复使用。这就使生产过程本就复杂又耗时的酶在大规模应用时的成本变得更加高昂，限制了它们的普及。尽管在生物中已经发现近7000种酶，但是常用的酶制剂只有几十种。

人们想出两个策略来提高酶的稳定性。一个策略是"保护"，通过酶的固定化技术，将酶固定在某种多孔而稳定的介质内，像是给酶提供一个庇护所，屏蔽外部对酶不利的环境，保护酶的活性，被固定的酶只需要"守株待兔"，等待底物送上门来，减少了四处游荡可能遇到的风险。例如，用于蛋白质水解和生物制药的胰蛋白酶，在用一种类似"果冻"的聚丙烯酰胺凝胶材料包埋后，在60摄氏度下的稳定耐受时间从原来的1个小时提高到6个小时，还可以在重复利用12次以上时仍然保持75%以上的活性。

另一个策略是让酶"自强"，这借用了生命进化的策略。根据达尔文的进化论，当生命繁衍后代时，个体基因有一定概率发生随机突变和重组，这就带来了新的遗传变异可能，为自然选择提供了素材。变异个体如果更加适应环境，"活得更好"，就会将突变的基因传给后代，扩展成为种群的特征。反之，如果突变后的性状不幸变得更差了，这个个体就会被自然淘汰。简单说就是，个体发生不定向的突变，"变着试试"，而自然进行定向的选择，适者生存。人类从古猿进化至今，历经大自然沧海桑田和生产生活方式的变化，编码酶的基因通过突变和自然选择，推动人类适应变化。

延伸阅读

当你细细咀嚼米饭或面包等富含淀粉的食物时，你会品尝到丝丝甜味。这种甜味并不是来自淀粉本身，而是唾液里的淀粉酶将淀粉转变为麦芽糖的结果。人类唾液淀粉酶基因拷贝数的增加，正是在1万年前因农业兴起而驱动的进化结果。随着淀粉在人们食物中的占比越来越大，个体的基因组获得了更多的唾液淀粉酶基因。有趣的是，就算是没有唾液里的淀粉酶，人的胰腺还会产生另一种淀粉酶，足够消化淀粉，那么唾液淀粉酶基因的增加是如何获得进化优势从而被选择的呢？据推测，这可能是因为唾液淀粉酶消化产生的甜味能吸引人类吃进更多的淀粉食物，而吃饱是活下来的先决条件，这样，唾液淀粉酶基因的增加就通过生产方式的变化被选择留下来了。更有趣的是，就连与人类密切相关的动物，狗、猪、小鼠和大鼠都随之进化出了更多的淀粉酶基因。

人的乳糖耐受性是又一个与酶相关的基因的进化例子。大多数哺乳动物在幼年时期可以消化母乳中的乳糖，成年后对乳糖的消化能力会下降，表现为乳糖不耐受。大约在 7500~9000 年前，在某些生活在中欧和北欧的人当中，与乳糖消化有关的基因发生突变，这种突变使成人也能够消化和耐受乳糖。随后的 2000 年间，这里的生活方式从狩猎采集向农业、畜牧业过渡，牛奶、羊奶成为重要的食物来源。能够消化乳糖的人比不能消化乳糖的人能获得更多的能量和营养，获得显著的生存和繁殖优势。历经几百代的积累，这种突变在部分欧洲人群中迅速扩散并固定。如今，北欧地区（如瑞典、丹麦）成人的乳糖耐受率高达 80%~90%，而东亚、东南亚和非洲部分地区的成人乳糖耐受率还不到 10%。

除此之外，诸如与酒精代谢、咖啡因代谢、维生素 D 产生等相关的酶随着人类所处环境或生活方式的改变而进化的例子还有很多。进化一刻不停地塑造着人类，人类也早已经学会将进化策略为自己所用，例如农作物品种的选育和优化，甚至宠物品种的培育等，都是人工进化的结果。

将生命的进化策略应用于酶的优化，是美国生物化学家弗朗西斯·阿诺德的发明。酶的结构极其复杂，即便是最顶尖的科学家，也无法精确预测改变哪一个氨基酸才能获得更好的功能。阿诺德意识到，人类的知识还远远不足以"定制"完美的酶。于是，她提出了一个颠覆性的想法——如果我们无法设计完美的酶，为什么不让酶自己进化呢？

阿诺德在 20 世纪 90 年代的研究中，通过基因工程的手段为酶引入随机的突变，制造出数千种带有随机突变的酶，然后对突变的酶进行筛选，不管是稳定性高、催化活性强，或是立体选择性更高，都可能是筛选的方向。将筛选出的最佳突变酶基因继续突变、筛选，如此反复，通过"人工选择"让酶不断优化。利用这种被称作"酶的定向进化"的策略，很多工业化应用的酶的性能得到了提升，例如，一种来自枯草芽孢杆菌的蛋白酶在定向进化改造后，变得能在化工常用的有机溶剂中保持稳定并发挥催化功能。而通常有机溶剂会让蛋白质发生所谓"变性"而失活，我们熟知的酒精消毒就是利用这个原理。这种进化后的蛋白酶却能在有机溶剂中如鱼得水，不禁让人感叹师法自然的定向进化策略的神奇。定向进化大大拓宽了生物催化的应用范围。如今，酶的定向进化方法已被全球许多实验室和企业采用，用于抗生素、可再生燃料、生物降解塑料、环保催化剂等的催化生产。

定向进化策略不仅被应用于酶的优化，也被用于其他功能性蛋白质分子的改造，比如蛋白质和抗体药物的优化。2018 年，弗朗西斯·阿诺德与发明噬菌体展示技术用于抗体定向进化的乔治·史密斯和格雷戈里·温特爵士共同获得诺贝尔化学奖。

如今，定向进化策略也被用于某些为人类承担生产任务的工程菌的代谢通路优化，以达到提高抗生素等产品的产量的目的。我们也可以期待，通过定向进化筛选出的高性能的突变，反过来也可以指导真正的"理性设计"，最终实现像量体裁衣一样的生物产品定制。

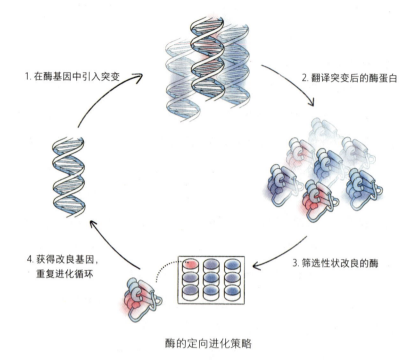

1. 在酶基因中引入突变

2. 翻译突变后的酶蛋白

3. 筛选性状改良的酶

4. 获得改良基因，重复进化循环

酶的定向进化策略

新一代催化剂的方向：更高效，更绿色，更稳定

　　化学催化剂主要在化工、能源领域发挥作用，而酶的应用限定在生物医药、环境保护、洗涤剂、皮革制造、食品加工等与生化反应有关的领域。人们正在让化学催化剂朝着变得像酶一样温和、专一而努力，也在用尽各种招数让酶稳定得像化学催化剂。如果能有一种兼具化学催化剂的稳定性和酶的温和性的催化剂，是不是就能满足所有催化领域的需求了呢？

酶的高效来自蛋白质形成的精准的结构，就像是完美适配底物结构的一把钥匙，再复杂的锁也能轻巧打开。而酶的脆弱也是由于其蛋白质属性。人们不禁设想，能不能用其他材料代替蛋白质，来配一把同样精致但是足够结实的钥匙呢？换言之，如果用更稳定的材料模拟酶的精准结构，是不是就能获得既稳定又高效的催化剂了呢？这种梦想催生了人工模拟酶的概念——一种介于天然酶和传统催化剂之间的新型催化剂，它既能够像酶一样高效催化，又能克服酶的天然局限，如易失活、环境适应性差等。

人工模拟酶的概念真正进入实验研究阶段是在20世纪50年代。当时，科学家们开始尝试用金属卟啉等有机小分子来模拟与氧化反应有关的酶。金属卟啉是血红蛋白、叶绿素等诸多与氧化功能相关的酶和蛋白质的活性中心。这些早期研究只是粗略地模仿了天然酶的结构，但它们奠定了人工模拟酶发展的基础。

到了20世纪70年代，分子印迹技术在超分子化学的基础上发展而来。它在人工模拟酶上的应用使模拟酶研究迈出了重要一步。我们仍然利用"锁－钥匙"模型来理解分子印迹技术的原理。想象底物是一把锁，我们向锁孔中灌入软陶，等软陶硬化后，从锁孔中拔出来的就会是一把复制的软陶钥匙。当然，分子印迹使用的"软陶"是有机物单体，单体聚合后，就会形成有机物聚合体模拟出的酶样结构，但是比酶要稳定得多。这种"倒模"般的技术提高了模拟酶的精确性，提高了人工模拟酶的催化效率和选择性。

今天，人工模拟酶已经在医学诊断、环境治理、化工催化等多个领域得到了实际应用。例如，在医疗领域，人工模拟酶被用于开发新型生物传感器，提高疾病检测的灵敏度；在工业生产中，人工模拟酶正被用于催化绿色化学反应，减少能耗和污染物排放。

未来，随着材料科学、计算机模拟和合成生物学的进步，人工模拟酶有望达到甚至超越天然酶的催化能力。我们或许可以看到一种完全人工合成的生命形式，它不依赖天然蛋白质，却能够执行复杂的生物功能。这不仅是对自然界智慧的模仿，更是人类在生命科学领域的伟大探索。

同其他科技发展的规律一样，催化科学的发展也是从经验到理论，再到理论指导实践的过程。在应用需求的强烈驱动下，催化科学在化学催化和天然催化两条时而并行时而交叉的道路上，向着为人类创造更美好的世界奔去。在物理、化学、材料科学、生物学等学科和技术的支持下，通过师法自然之道，达到巧夺天工之效，创造高效、稳定、绿色的催化剂，永远是催化剂研究者努力的方向。

在寻求新一代催化剂的路上，一个意料之外的重要突破，在21世纪初期，与我们不期而遇，它就是纳米酶。

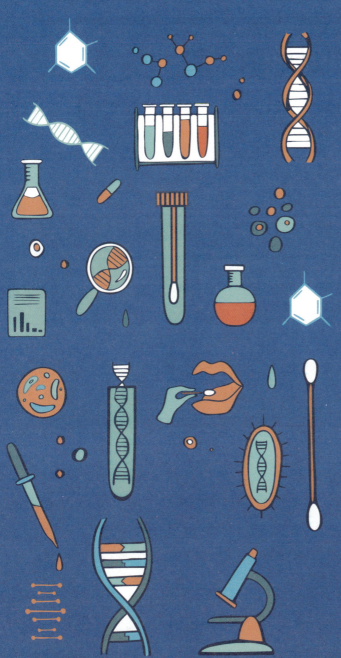

第二章

纳米酶，那么美

横空出世的纳米酶

2022 年 10 月 17 日，位于瑞士苏黎世的国际纯粹与应用化学联合会（IUPAC）公布了"2022 年度十大化学新兴技术"。在这个汇聚全球化学前沿成果的榜单中，名列第二的是一个对许多人来说还相当陌生的名词——纳米酶（Nanozyme）。

对于不熟悉 IUPAC 的读者来说，这个机构或许显得离我们很遥远，但它的影响却渗透在化学的每一个角落。从中学课本上的元素周期表，到每一种化学物质的命名法则，IUPAC 都是最后的决定者，在化学领域标准制定、命名系统和学术交流方面具有毋庸置疑的权威地位。每年评选的"十大化学新兴技术"则是它面向全球展示化学前沿动态的一扇窗口，专为挖掘那些尚未被全面商业化，但具有强烈的前瞻性、可能开辟新方向的新技术。

在 2022 年的榜单中，纳米酶赫然在列。IUPAC 在报告中写道："纳米酶是一种结合自然和人工催化的力量，它在稳定性、可回收性和成本方面具有多种优势。与仅在特定的温度和 pH 值范围内起作用的天然酶不同，纳米酶能够承受恶劣的条件，并能被持久、安全和稳定地储存。"这不仅是对一项科学技术的肯定，更是对"催化"这一核心化学过程理解方式的更新。

在三年后的 2025 年，纳米酶再次在另一个完全不同的评价体系中脱颖而出——世界经济论坛（WEF）发布的 2025 年度十大新兴技术。与 IUPAC 聚焦学科内部的理论创新不同，WEF 的评选更关注技术如何在经济、社会与全球可持续发展议题中发挥作用。从推动绿色能源、改造医疗体系，到应对气候变化和粮食安全，WEF 通过这份榜单捕捉全球最具突破性的前沿技术动向，并提供政策和产业层面的参考依据。

在 2025 年的榜单中，纳米酶被评价为"下一代生物技术的重要组成部分"，其"在医疗健康、清洁技术和工业生产方式方面具有显著潜力"，是典型的"可持续与融合型创新"技术之一。评审报告强调，纳米酶具有高度稳定性和功能多样性，已被用于疾病诊断、肿瘤治疗、抗菌材料和环境污染治理等多个关键领域，显示出其从实验室走向真实世界的加速趋势。

IUPAC 和 WEF 这两次重要的评选中，纳米酶不仅获得了来自学术界的内行认定，代表了基础科学共同体对技术原理、科学机制和催化理论的认可，而且得到了来自全球议题的外部确认，体现了跨领域、跨行业视野下对技术现实价值与转化前景的判断。

从理论突破到技术创新，纳米酶的热度席卷全球。而此时距离纳米酶的发现仅仅过去了十几年。什么是纳米酶？它是如何横空出世的？它又是如何一步步从一个新概念走到了新一代高效、稳定、绿色的催化剂而被寄予了期待与厚望的呢？

生命科学与纳米科技
撞击出的火花

　　纳米酶，这个新型催化剂的名称宣告了它源自生命科学与纳米科技交叉的"身世"。

　　生命科学自诞生之初，其终极目标就是在物质层面理解生命的本质，探究生命的起源、意识的物质基础、死亡的机制以及生命在宇宙中的地位和意义。在实用层面，生物学是一切以服务于人类健康为目的的科技的"靶心"。生物学的发展历程始终伴随着与其他学科的深度交叉，这种交叉不仅拓展了生物学的研究视野，也推动了生命科学的革命性进展。物理学为生物学提供了从分子层面理解生命现象的工具，如 X 射线晶体学揭示了 DNA 的双螺旋结构；化学促成了人们对生物分子的结构与功能解析，奠定了生物化学和分子生物学的基础；数学和计算科学的引入，使得复杂生命系统的建模与分析成为可能，催生了系统生物学和生物信息学等新兴领域；工程学则推动了合成生物学和生物技术的发展，使人类能够设计、构建乃至重编生命系统。生物学与其他学科的交叉融合，不仅提升了我们对生命本质的理解，也不断拓展其在医疗、农业、环境等领域的应用边界，展现出强大的科学整合力与现实影响力。

　　纳米科技与生命科学的交叉始于 20 世纪末期，纳米材料在生物成像、药物输送和分子诊断中的应用价值的发现，催生了纳米生物学这一新兴领域。纳米生物学不仅为观察和调控生命过程提供了前所未有的精度，也为疾病治疗和健康管理开辟了全新的技术路径。纳米酶正是在这个背景下被发现的。让我们进入纳米世界，追寻纳米酶的故事。

欢迎来到"纳米"世界

从哥白尼提出"日心说"开始，物理学的发展，包括牛顿经典力学体系、电磁理论和热力学理论等，重塑了人们对自身和宇宙的认识，深刻地影响着人类文明的进程。当 20 世纪的曙光照耀到人类时，物理学开始跨入微观世界，人们对原子结构的深入探索催生了量子理论，成为人们认识微观世界运行规律的指南，而在更宏大的维度，相对论的出现则改变了人类的时空观和宇宙观。

人类用技术打造舟楫，航行在不断延伸的理论物理之河上，行至 20 世纪中期，来到"纳米科技"世界。

纳米，是一个长度单位。1 纳米等于十亿分之一米。一张普通打印纸的厚度约为 10 万纳米，一根头发的直径也有上万纳米。一个原子的直径在 0.1~0.5 纳米，也就是说，1 纳米的空间只能容得下几个原子。纳米科技的现代定义是研究在纳米尺度（1~100 纳米），物质和设备的设计方法、组成、特性以及应用的科学。

纳米科技的概念雏形最早是在 1959 年由物理学家理查德·菲

利普斯·费曼在一次演讲中首次提出的。在费曼的想象中,微观世界的运行法则可能带来具有新奇功能的材料和器件,对原子的直接操控可能实现任意分子的合成。为了便于听众理解纳米尺度,费曼让听众想象将整部几万页的《大英百科全书》刻在针尖上。谈及这个设想的来源时,费曼表示,这是受到了生物系统的启发。正是在这个演讲的前几年,1953 年,DNA 双螺旋的模型刚刚被发现,解决了细胞遗传信息的物质组织形式和复制机制的根本问题。基于人类对生命体系的认识,费曼提出,细胞可以在极小的尺度内执行代谢、运动、制造多种物质,以及储存和复制信息等功能,他相信人类也可以在生命体外实现在这个尺度上的设计和操控。费曼认为,当时的技术和设备的发展,例如电子显微镜等,已经可以支撑纳米科技的产生,他甚至感慨:"当 2000 年的人们回顾历史时,会奇怪为什么直到 20 世纪 50 年代才提出这一想法。"这个演讲成了现代纳米技术的概念起源,费曼也被称为"纳米之父"。

如果说能够制造工具和使用工具是人类与其他动物的本质区别,是"万物之灵"的"灵"之所在,那么,人类在此前几百万年历史中创造和使用的工具都来自宏观世界。正如费曼为这个标志性演讲起的标题——"底部大有可为"(There's Plenty of Room at the Bottom),纳米科技的诞生,意味着人类在刚刚窥见微观世界的边界时,便勇敢迈出了探索的步伐,试图理解在纳米尺度上物质行为的全新法则,并以此启发未来的制造之道。从原子的排列,到功能的涌现,科学在不断向内深入。这不仅是一次科学和技术层面的突

1965 年诺贝尔物理学奖获得者之一"纳米之父"理查德·菲利普斯·费曼

破,还让我们意识到,世界的本质不仅在宏观的可见之处,还可能潜藏于微观之中。"一沙一世界""芥子纳须弥","纳米"既是"尺度",也是我们认识世界的另一个"维度"。

此后短短几十年,纳米科技得到了飞速的发展。让我们来看看人们在纳米世界里取得了哪些新发现,这些来自纳米世界的发现又怎样改变了宏观世界。

最"多彩"的纳米材料——量子点

2023 年诺贝尔化学奖授予了三位在量子点的发现、合成和应用研究方面做出杰出贡献的三位科学家。量子点是具有纳米尺度的硒化镉、碲化镉、硫化镉等半导体材料晶体,它在受到光激发时会发出明亮的荧光，最神奇的是，量子点尺度的大小可以决定荧光的颜色，例如，从 2 纳米到 7 纳米的硒化镉量子点可以发出从蓝光到红光整个可见光范围内的彩色荧光。量子点已经应用于医学成像和生物检测，它的绚丽荧光点亮了人类探索生命奥秘和追寻疾病源头的黑暗通道。它在显示设备中的应用，以及在太阳能电池、红外探测成像、光催化、量子光源等领域的应用也正在被开发。

量子点的发现和应用历史，又是一个从无意识的经验，到揭示科学原理，再到理论指导下的设计应用的认识过程的代表。

提到哥特式建筑，你首先想到的一定是它高耸入云的尖顶和五彩缤纷的玻璃花窗，特别是教堂里的玻璃花窗，令人印象深刻，它

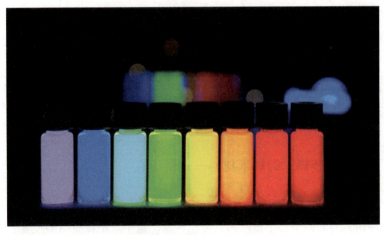

不同尺寸的量子点发射出不同颜色的荧光

（图片来源：Antipoff，CC BY-SA 3.0，http://www.plasmachem.com）

以丰富的色彩营造出神圣的氛围，让人宛如置身天国。彩色玻璃的制造，最初是在烧制玻璃时通过掺入不同的金属氧化物使之带有不同的颜色，比如氧化亚铁、氧化铜和氧化钴的掺入会使玻璃分别呈现绿色、蓝色和蓝紫色。而到了近代，物理学家在制造光学仪器所需的玻璃时发现，即使只掺入一种材料，在不同的烧制温度下烧制的玻璃也会呈现不同颜色。这种经验性工艺的原理直到 20 世纪 70 年代才由苏联物理学家阿列克谢·叶基莫夫揭开。

叶基莫夫发现，玻璃原料中掺入的氯化铜，在不同温度下会形成不同大小的氯化铜纳米颗粒，纳米颗粒的大小就决定了玻璃的色彩。叶基莫夫还指出，这种由尺寸引起的光学效应源自量子限域效应。简单来说，当光激发纳米材料内部的电子时，这些电子在极其狭小的空间内的运动受到了限制，就像乒乓球在一个小盒子里不断碰壁跳跃一样。由于空间受限，电子的能级间隔变大，尺寸越小，能级间隔越大，电子跃迁时释放的光就具有更高能量和更短波长；尺寸越大，能级间隔越小，释放的光波长也更长。正是这种尺寸调控下的电子能级变化，使得量子点发出不同颜色的光，呈现出丰富多彩的光学效应。

美国化学家路易斯·布鲁斯在溶液中的纳米颗粒上也发现了类似的现象和机制。叶基莫夫和布鲁斯以及建立了量子点合成方法的美国科学家蒙吉·巴文迪一起分享了 2023 年诺贝尔化学奖。

最"多能"的纳米材料家族——碳的"三重奏"

如果在纳米材料中评选最多能的家族，那非碳基纳米材料莫属了。在自然界中，碳是一种极为常见的元素——它构成了有机生命的基础，在矿物世界中以钻石和石墨的形式存在。而在纳米世界中，碳基材料展现出令人惊叹的多样结构与奇特性能。这个耀眼的纳米材料家族包含三位代表性成员——石墨烯、碳纳米管和富勒烯，分别代表着二维、一维和零维材料的极致形态。

石墨是碳的单质，它是由一层层以碳原子组成的蜂巢状网格薄膜堆叠而成的。早在 20 世纪中期，物理学家就推测，如果能够从石墨中"剥出"一层碳原子层，这个几乎没有厚度的单层碳原子结构可以看作二维材料，那么它将拥有极高的电子迁移率，这意味着它可能具有超高的电导率。2004 年，科学家安德烈·盖姆和康斯坦丁·诺沃肖洛夫用胶带反复粘剥石墨，竟然剥下了一层只有一个原子厚度的碳原子薄膜——石墨烯，首次从三维材料中解锁了真正意义上的二维世界，并因此获得了 2010 年诺贝尔物理学奖。电子在其中可以以近乎光速的方式高速迁移，使它在下一代电子器件、柔性显示屏、高性能电池等前沿技术中大显身手。

如果将石墨烯卷成一个筒，那你就获得了最坚韧的纳米材料——碳纳米管。它被看作只有一个维度的一维材料。由于碳原子的六边形蜂窝结构具有极强的稳定性，碳纳米管的强度可以达到钢铁的百倍，而重量却几乎可以忽略不计。如果用碳纳米管扭成一条

1毫米粗的线，这根如风筝线一样粗细的纳米线理论上将能吊起一架波音747飞机。这种从未在宏观材料中见过的"超强"性能，源自纳米尺度赋予它的力学奇迹。如今，科学家正尝试将其应用于超级复合材料、电缆、人工肌肉、航天结构等领域。据说，中国科幻小说《三体》中切船舰于无形的"飞刃"的原型材料很可能就是碳纳米管。而现实中正在研发的太空电梯，就是以碳纳米管作为超高强度缆绳的材料。

尽管碳纳米管从结构上可以看作是石墨烯的卷筒，其实它的发现早于石墨烯，是日本科学家饭岛澄男在1991年研究另一种零维碳基纳米材料——富勒烯的时候偶然发现的。富勒烯是由60个碳原子以五边形和六边形构成的封闭的球状结构，犹如一个微型足球。而富勒烯的发现也属偶然，它是在1985年由科学家哈罗德·克罗托爵士、理查德·斯莫利和小罗伯特·柯尔联合开展的一项实验中，在高能碳蒸发的产物中被意外发现的，他们将其命名为"富勒烯"，以纪念以穹顶结构著称的建筑师巴克敏斯特·富勒。这是历史上首次发现由纯碳组成的零维分子晶体。富勒烯不仅对称美观，而且具备奇特的电子性质，能吸附、包裹或运输其他原子，被视作"分子容器"或"分子笼"。富勒烯的出现，标志着人类第一次从原子尺度设计出具有高度稳定性与功能性的碳结构，也拉开了纳米碳材料研究的序幕。如今，从化妆品到抗肿瘤药物，从太阳能电池到润滑剂，富勒烯已经在医学、催化和光电器件等领域大放异彩。

石墨烯、碳纳米管与富勒烯是碳在纳米尺度的三种典型存在形式，它们的发现过程充满了一连串的偶然和意外，石墨烯诞生于胶带的反复粘贴，碳纳米管发现于富勒烯研究的"副产品"，而富勒烯本身则是高能碳蒸发实验的意外收获。这些戏剧性的"意外"一方面提示我们纳米世界有着与宏观认知完全不同的规则，也揭示了科学探索中的一种深层规律——当人类试图进入一个全新的尺度时，传统经验往往失效，而偶然性则成为突破认知边界的钥匙，是认知跃迁的必经之路。真正的颠覆性创新，往往始于我们尚未意识到的问题。

纳米材料，无处不在

除了量子点和碳材料这两大纳米材料阵营，纳米科技的发展还诞生了一系列性能各异、用途广泛的材料体系。金属纳米粒子因光、电、磁特性，在催化、成像、传感与治疗等领域扮演着关键角色。无机氧化物纳米材料，如二氧化钛、氧化锌和氧化铁，则在光催化、抗菌涂层、储能设备中发挥作用。层状材料，如层状双氢氧化物，具备可调结构和离子交换性能，常用于环境修复和药物缓释。金属有机框架和共价有机框架则以其高度有序和可编程的孔道结构，在气体分离、能量储存、靶向输送等方向上展现出令人瞩目的前景。生物基纳米材料，例如纳米纤维素和壳聚糖纳米颗粒，也在绿色材料和可降解载体方面展现出生态友好与功能兼备的独特价值。小到你的手机的触控屏、房间里的空气净化器、厨房里的不粘锅、早上出门前涂的防晒霜、身上的衣服，大到飞机、卫星、太阳能电池……纳米材料已经渗透到生活的方方面面。

"天赋异禀"从何而来？

为什么平平无奇的大块材料一旦小到纳米尺度，就忽然变得"天赋异禀"了呢？

纳米材料的"天赋异禀"首先来自量子效应。在宏观世界，物质的性质受经典物理规律支配，但当尺寸缩小到与原子尺寸可比的纳米量级，微观世界的规则就开始成为主导了。例如，在纳米尺度，电子的活动空间变小了，能量也不能像以往那样连续变化，而是被限制在一级一级的"台阶"上，这就是所谓的"量子限域效应"。这会让材料的光学、电学等性质发生跳跃式改变，就像我们之前提到的量子点，它的颜色不取决于掺入什么色素，而是由尺寸决定的。

接着是表面效应的显现。一个材料越小，它的体积减小得比表面积更快，这就导致暴露在外、处于"边缘位置"的原子占比急剧升高。可以把材料想象成一个用小方块堆起来的立方体，每个小方块是一个原子。当立方体很大时，大多数原子都"躲"在内部，而当立方体变得很小的时候，原子几乎都暴露在了表面。例如，当一个铁晶体颗粒的粒径从 1000 纳米缩小到只有 1 纳米时，表面原子的占比将从不到 0.1% 猛增到超过 86%。也就是说，几乎整个粒子都变成了"表面"！可以想象，暴露在材料表面的原子受到的"羁绊"少，性质更活跃。相对大块材料来说，同样材料的纳米颗粒粒径小，表面原子占比高，化学性质就更活跃。

除了量子效应和表面效应，纳米材料还展现出其他几种同样重要的尺度特性。小尺寸效应是其一。当颗粒变得极小，原子数量不足以"平均"性质，个体原子的影响开始主导整体行为。例如金属的熔点会随着粒径减小而显著降低，一些人们熟悉的晶体结构也可能发生重构。界面效应则来自大量晶界、相界和缺陷的存在，这些"边界"区域在纳米尺度中不再边缘化，而成为性质活跃的中心，往往决定了材料的催化性、导电性等核心功能。还有宏观量子协同效应，当材料微小到一定程度，内部的电子或自旋等量子行为可能形成整体协同，如巨磁阻或量子隧穿现象，体现出"微粒共振"带来的集体现象。最后，力学尺寸效应也与人们的直觉相悖——纳米结构反而因为尺寸更小、原子更少而"容不下"裂纹和缺陷，而使材料更为坚固——许多纳米线、纳米纤维展现出的强度甚至超过了传统材料。

神奇的纳米效应不仅来源于小尺寸，科学家们还发现，在纳米尺度上精确构建特定的结构，本身也能赋予材料全新的功能。自然界中早已有生动范例。例如，蝴蝶翅膀和孔雀羽毛上绚丽多变的色彩，并非出自染料分子，而是由于翅膀表面规则排列的纳米结构对光产生干涉和散射，这是一种被称为"结构色"的光学效应。另一个例子来自荷叶表面，其微米到纳米尺度的微突起和蜡质层共同构成一种特殊的粗糙结构，使水珠无法铺展，在滚动过程中带走灰尘，形成"自清洁效应"。仿照蝶翅结构开发的光子晶体材料，可用于制造不褪色颜料与高灵敏度传感器；模仿荷叶效应的超疏水涂层，已被应用于自清洁玻璃、抗污织物和防腐材料中。

这些多维度的纳米效应交织在一起，使纳米材料如此引人入胜。

"纳米"世界的"手眼通天"

除了纳米材料本身展现出的奇异纳米效应之外，科学家们在纳米尺度"看到"和"操作"物质的能力，也经历了革命性的突破。这些技术突破不仅让我们能够深入理解纳米世界，更使得设计和制造功能更强大的纳米器件成为可能。

1981年，扫描隧道显微镜的发明让科学家们首次实现了以原子级别的分辨率"看见"材料表面，能直接观察单个原子的排列。扫描隧道显微镜不仅能看，还能"动"。1990年，IBM的科学家利用扫描隧道显微镜将35个氙原子排列成"IBM"字样，成为名噪一时的纳米"炫技"。随后，原子力显微镜也被开发出来，它的探针像一根触觉灵敏的手指，在样品表面轻轻"扫过"，甚至可以"摸到"原子级别的高低差异，从而构建出纳米级分辨率的三维图像。原子力显微镜还能"感觉"材料的硬度、黏附力、导电性等性质，因此被广泛应用于材料科学、生物学等研究中。原子力显微镜让我们第一次真正有能力"触碰"单个分子，为纳米科技的发展提供了重要的观测窗口。

进入21世纪，纳米尺度的加工和操控技术迅猛发展。电子束光刻、聚焦离子束等手段，使我们能在材料表面刻画纳米级结构，精准调控材料性能，而自组装技术则借助分子间作用力，让结构自动拼装，仿佛"搭积木"般构建功能材料。更前沿的是纳米机器人与分子机器，它们可响应光、电、化学信号完成特定动作，未来有望实现靶向治疗与细胞修复。以分子机器为支撑技术的"炫技"已经发展为"纳米汽车拉力赛"。以分子为马达、轴和车轮的纳米汽车，在金箔搭建的"赛车场"跑上几纳米的距离，足以引起人类的欢呼。这些技术使我们已不再只是纳米世界的观察者，而正逐步成为纳米世界的设计者与操控者。

以"微小"支撑"宏大"

当人类命运共同体的巨轮行驶到 21 世纪，人口、环境、资源、能源、粮食等问题成为全球面临的共同难题。人类的生存从没有像现在这样依赖于科技革命。从人工智能到新能源，从医学到先进制造，乃至国防工程，纳米科技已经成为支撑全球科技创新和变革的源头。

因此，纳米科技不仅是科学家的研究对象，更成为国家战略布局的重点。美国、德国、法国、日本等发达国家持续推进"纳米行动计划"，中国则将其列入国家中长期科技发展规划。在全球科技竞赛中，谁掌握了原子级的制造能力，谁就拥有了新一轮产业革命的话语权。

在这激荡的纳米科技大潮中，纳米酶像一朵浪花，跃上潮头。

与纳米酶不期而至的相遇

　　科学的发现路径多种多样，有的像攀登高峰，一步一个脚印，沿着逻辑严密的路径逐步推进，也有的更像一次偶然的相遇，在不经意间捕捉到某种闪现的灵感。纳米酶的发现，无疑属于后者，它是在一次跨学科对话中被点燃的火花。

　　进入 21 世纪之初，中国科学界启动了"纳米研究"这一重大基础研究专项。这个项目的核心理念，是要打破学科间的壁垒，鼓励物理、材料、化学、生物和医学等多个领域的研究人员聚集到同一个议题之下，构建一个真正的交叉研究平台。在国家政策有意识地推动下，这样的合作模式开始生根发芽，物理学家、材料学家、生物学家、化学家甚至医学专家，开始围绕"纳米"展开频繁而深入的交流。正是在这一背景下，我国第一个纳米重大项目的总体方向得以明确。

　　作为生命科学领域的研究者，来自中国科学院生物物理研究所的阎锡蕴也参与了这场跨学科的思想碰撞。在此之前，她长期致力于肿瘤靶分子的发现与鉴定，发展新型的疾病诊断和治疗抗体，并在该领域颇有建树。回忆起当初那一轮轮的跨学科研讨，阎锡蕴至今仍会笑着调侃当年的情形："那时候大家连彼此的术语都听不懂。我说'蛋白质表达'，人家说'材料表征'，听起来就像外语。"

正是这场"破壁"式的交流，为她带来了全新的视角。结合原有的研究积累，阎锡蕴逐渐构思出一条嵌合纳米技术与生物医学的新路径——以抗体为识别工具，以磁性纳米颗粒为追踪载体，开发用于肿瘤检测的纳米免疫探针。

她的设想是，将能够特异识别肿瘤抗原的抗体，与四氧化三铁磁性纳米颗粒偶联，形成探针。在检测病人体液样本时，抗体负责识别并结合肿瘤抗原，磁颗粒则可通过外加磁场实现富集，如同从大海中集中打捞散落的针，以提升检测灵敏度。彼时，纳米级磁颗粒刚刚开始进入生物医学的应用视野。探索它们的潜力，正是阎锡蕴进入纳米研究的初衷。

实验由刚加入课题组的博士生高利增承担。来自山东的高利增温和儒雅，语调不高，却常能抛出一句令人忍俊不禁的话。他在吉林大学完成本科和硕士学业，具备扎实的生物化学实验功底，足以胜任这一课题。此时，他正处于博士课题开题阶段，摩拳擦掌准备全力投入这项新的尝试。

实验伊始，一切似乎都很顺利。为了验证抗体是否成功偶联至磁颗粒，高利增设计了一种基于酶标二抗的检测方案。所谓酶标二抗，是能够识别一抗的抗体，常以辣根过氧化物酶（HRP）为标记，借助其催化底物显色的能力，将分子识别事件转化为颜色信号。例如，3,3′,5,5′-四甲基联苯胺（TMB）、3,3′-二氨基联苯胺（DAB）或邻苯二胺（OPD）等无色分子，在 HRP 催化下会分别呈现蓝色、褐色、橙色等。这些颜色的出现，意味着靶标存在，颜色越深，表示分子越多。

按照实验设计，如果抗体成功偶联到磁颗粒，酶标二抗便能识别并结合其上，加入底物后产生颜色，反之则不显色。为了验证显色是否真正源自偶联，必须设置对照组，即让不偶联抗体的"裸"磁颗粒也经历相同反应程序，理论上应该不显色，作为系统空白对照。第一次实验，偶联组的结果恰如预期，加入底物后，试管中澄清的液体迅速泛起浅蓝，转而变为清澈而深邃的宝石蓝。这一现象令人振奋，似乎验证了偶联的成功。

然而，令高利增惊讶的是，对照组也出现了显色，与偶联组试管同样呈现出鲜艳的蓝色，如果不是已事先标注，两组试管中的液体凭肉眼观察毫无二致。高利增一时间有些沮丧。这种现象在免疫检测中并不罕见，常被称作"假阳性"，原因可能是试剂污染、操作失误等。高利增决定重新开始。他仔细准备缓冲液和试剂，严控每一操作步骤，力求避免干扰。但再次实验后，对照组仍然显色，问题如影随形。

每周一上午开组会，是阎锡蕴多年坚持的习惯。每个学生都在组会上汇报各自的研究进展，阎锡蕴与学生逐一讨论和分析，并指导下一步的研究策略。对于高利增的研究来说，磁颗粒的偶联只是这项研究的第一步，后续的疾病检测应用探索才是关键。而由于这个对照组出现意料之外的问题，整个项目都卡在了第一步。眼见其他同学的研究项目都有大大小小的进展，高利增虽然心有迟疑，最终仍选择如实汇报这个看似很初级的问题。

出乎意料的是，他实事求是的态度首先获得了导师的认可。阎锡蕴强调，每一个"异常"结果都值得追问，不能带着对预期结果的倾向而轻易忽略。她建议高利增对体系中各个成分进行拆解式对照，逐一排查导致"异常"显色的真正来源。她一边讲解着实验设计的细节，一边在白板上重重地写下"control"（意为"对照"）一词，并反复划圈，强调对照设计的重要性。

一周内，高利增将反应体系中的磁颗粒、一抗、二抗、底物依次排列组合，最终发现，只要体系中包含磁性纳米颗粒，就会显色——即便不加入酶标二抗。这一发现令人震惊。在此之前，微米级的四氧化三铁磁珠因被认为化学性质稳定而被广泛用于医学检测。如今，纳米级的磁颗粒却显现出前所未有的化学"活性"，这一现象还从未被报道。

那段时间，高利增的博士课题几乎陷入停滞。每次组会，阎锡蕴都对他的实验进展"特别关照"，追问到底。而当多年以后，高利增已成长为纳米酶研究的青年领军人物，每每回忆起那段日子，总是笑着说："'阎'师出'高'徒嘛！"

最终，当他再次在组会上汇报这最不可能却反复重现的结果时，阎锡蕴并未责备，反而轻描淡写地一笑："那就换个同学试试，换换手气。"组内另外两位硕士生主动请缨，各自重复实验，从抗体偶联开始，按部就班。但磁性纳米颗粒"意外"显色的结果却如出一辙。

至此，阎锡蕴已确信磁性纳米颗粒确实能催化底物显色。这不是偶然，也不是"假阳性"，而是某种潜在的催化活性所致。

难道四氧化三铁磁性纳米颗粒具备类似酶的催化能力？这个念头就像迷雾中的一盏微光，引导着科研人员踏上全新的探索之路。于是，一个看似离奇却逻辑清晰的问题摆在他们面前——是什么赋予了这些磁性纳米颗粒酶一样的催化能力？这又是否意味着，在纳米尺度，某些物质在宏观尺度不具备的生物活性，被显现了出来？

这种磁性纳米颗粒的成分是四氧化三铁。这种材料其实并不神秘，我们日常生活中早已见过它的"大块头"形态——磁铁。从中国古代四大发明之一的指南针，到现代磁性记录材料的广泛应用，再到医学检验中常用的微米级磁珠，四氧化三铁因其优异的磁性和极高的化学稳定性而被广泛使用。它稳定到什么程度？稳定到几乎不能被酸溶解。

然而，这种以"惰性"著称的物质，在转化为纳米尺度之后，却展现出令人难以置信的"活性"。如果这一猜想成立，那么我们对纳米材料"天赋异禀"的理解，就必须超越原先对其物理性质（如磁性、光学特性）和化学性质（如表面能、反应活性）的认识，扩展到生物学效应了。这意味着，一种传统上被视作"非生命"的无机材料，开始在某种程度上介入了生命体系运行的核心机制——催化。

延伸阅读

在化学的世界里，有一对对立且互补的概念——有机和无机。这两个词来自英文"organic"和"inorganic"。词根"organ"最初的含义是"器官"，而器官是生命体有序系统的基本组成单位，因此"organ"也被引申为"有组织的"或"系统化"（其动词形式"organize"即"组织"之意）。随着对生命化学规律的深入理解，科学家逐渐认识到生命中存在一套独特的化学逻辑，这些规律在分子水平上主要由以碳为骨架的化合物构建，于是"organic chemistry"便被专门用于指涉这一类与生命密切相关的化学反应与物质。

而那些非生命特有的元素与反应——如金属、非金属、矿物质及其盐类等，则被归入"inorganic chemistry"的范畴。这构成了化学领域两大分支的基本框架。

进入明清时期，西学东渐，"organic"这一术语的中文翻译也成为中西学术交流中的一项创造性成果。当时的译者选用了"机"字——一个既有物理结构之意，又寓含生命动态之象的字眼。"机"本为织布机之"机"，如《木兰诗》中的"不闻机杼声，唯闻女叹息"，其后被引申为机械装置、运行原理，甚至是宇宙和生命运转背后的深层机制，如"玄机""生机""天机"。于是，"有机"与"无机"这两个术语被创造出来，恰如其分地对应了生命与非生命、组织化与非组织化之间的二元对立。

也正因这一语言演变的文化背景，在某些语境下，"有机"与"无机"不仅是化学范畴的区分，更隐含着"生命"与"非生命"的哲学张力。

当某种无机材料在纳米尺度下开始模拟生命体中的关键功能——催化反应的酶活性——就如同在原本泾渭分明的"有机"和"无机"之间，悄然架起了一座桥梁。如果无机真的可以通向有机，就如同石头缝里蹦出来猴子，那么这不仅是对传统化学范畴的挑战，更是对生命科学边界的拓展。

真正的创新，往往建立在对经典范式的突破之上。越是"反经典"，越可能孕育对科学颠覆性的理解。

阎锡蕴被这个大胆的念头所震撼。她隐隐觉得，自己可能正站在某种重大发现的门槛之上。她决定朝着那一束尚不明朗的灯光，向那片迷雾重重的领域，迈出第一步。

盘点我的人生经历，曾有过很多次的清零和从头开始。每次清零都要面对选择的压力，但是也会带来新的机遇和希望。十几年后，当"纳米酶"已经发展为中国科学家在国际上创立和领导的新学科，我在面对纷至沓来的采访时总是这样总结自己。

1974年，我高中毕业，被分配到一家汽车配件厂的翻砂车间工作。我的岗位是驾驶桥吊，负责把装着1000多摄氏度钢水的钢包转移到指定位置。我需要坐在几层楼高的驾驶室里，从前后、左右、上下三个方向操控钢包，还要让钢包在到达指定位置时稳稳地停下。我学技术学得很快，工作做得很好，短短几年时间就晋升为三级工，还被评为优秀工作者。我那时候的目标就是成为级别最高的八级工。

没过几年，高考恢复了。我对知识的渴求让我放弃八级工梦想，开始准备考大学。我师傅还为此惋惜不已。

我报考了医学院，本科学的是临床医学。1983年毕业后，我被分配到了北京的一家医院工作。为了提高年轻医生的科学素养，医院安排我们去中科院实习。在选择实习单位的时候，我看到"生物物理所"的名字，心想，我知道生物，也知道物理，可从没听说过生物物理，那我就选择到生物物理所学习。

后来我才逐渐了解到，生物物理学既用物理学的理论和方法研究生物学问题，也研究生命现象中的物理学规律。贝时璋院士在20世纪50年代就以卓越的远见在我国创立了生物物理学学科，成为推进学科交叉的先行者。生物物理所正是由贝老亲手创建的生物物理研究基地，科研队伍的专业组成涵盖了生命科学、医学、药学、物理学、化学、数学、电子学等16个学科，是一支"多兵种"的科技队伍，这种学科交叉建设模式在全世界都罕见。贝老一直秉承"科学研究要为国家建设服务"的思想，创立生物物理所之初，就以服务于我国的"两弹"事业和航天事业为目的，建立了放射生物学研究室和宇宙生物学实验室。他指导的动物辐射效应研究和"小狗上天"等研究的成果，为我国载人航天事业奠定了基础。我看似"误打误撞"来到这样一个科学的殿堂，现在看来其实正是缘于交叉学科对我的吸引，也正是生物物理所这种根植于国家使命的交叉学科传统和自由探索的学术氛围，深深地影响了我此后的研究方向和思维方式。

接收我实习的正是贝老课题组。那时缺乏生物学实验基础的我，只能从最简单的消毒、准备器械这些与医学沾点儿边的事情干起，边干边学。不久，组内一位研究人员生病休假，可实验不能停。我就临时接棒，战战兢兢地第一次承担了实验操作任务，没想到实验很成功。当我的实验结果成为一篇论文的重要数据，我也在贝老的指导下第一次成为科研论文的作者，这让我第一次获得了来自科研的成就感。一年多的实习期结束后，我爱上了科研，贝老也鼓励我继续从事科研。我就决定，从零开始做科研。

到了1989年，我已经从实习研究员晋升为助理研究员，如果继续四平八稳地走下去就是副研究员、研究员。那时候我们与国外的学术交流渐渐多起来，我意识到很有必要去吸收国际先进的科研

刻苦钻研 精益求精
独立思考 勇于创新

锡蕴同志 留念

贝时璋
一九八九年七月

贝时璋院士为阎锡蕴题写的寄语

思想和技术。我再次中断眼下这条平稳的路，在贝老的推荐下，到德国海德堡大学深造。临行前，贝老特意与我合影留念，并挥毫题写"刻苦钻研，精益求精。独立思考，勇于创新"的寄语。我将贝老的寄语装裱在相框里，敬置于案头，至今它仍是我科研事业的座右铭。

在德国，语言上的障碍、知识基础和技术的薄弱，让我的学习过程开始得异常艰难。但是最难熬的还是想家，每个周末，我站在窗前目送着一个个同事下班回家的背影，那是我最想家的时候。那时我的女儿才两岁，正是需要妈妈的时候，我却离开她到万里之外求学，至今我都觉得亏欠她。从实验室回到公寓，我关好门窗拿好毛巾准备要大哭一场，谁知道连一滴眼泪都哭不出来。那就不哭了，回实验室继续做实验。

我时常向贝老汇报我的近况。贝老回信鼓励我，叮嘱我"抓紧时间，充分利用这样好的环境条件，尽快做出优异成绩，为生物物理所争光，为祖国争光！"

我至今都引以为傲的是，我不仅克服困难成功完成博士课题的研究，我的论文和答辩还是用德语完成的。1993年我获得德国海德堡大学的博士学位后，我的导师彼得·特劳布建议我留在德国继续已经开展的研究工作。我仍然选择了回国工作，再一次清零……

回到中科院，我利用在国外学习的理念和技术，开始独立科研。肿瘤抗体药物那时刚在国外兴起，我看准这个方向有创新前景，而且通过研发创新药物治病救人，也算与我最初学医的初心殊

贝时璋院士写给阎锡蕴的信件

途同归了。

　　实验室刚创立的时候条件很简陋，只有 5 万块钱的启动经费，一张三屉桌，一台计算机，一台雪花冰箱和一张实验台，再加上离心机、显微镜等几台最基本的设备，置备了这点儿家当就没剩多少钱了。我一边申请科研项目经费，一边与我当时仅有的一名学生天天面对面一起做实验。我总是同时做几个实验，三个定时器常常此起彼伏地响起来。我那名学生后来跟我说，听见我的定时器响起来，她总是倍感压力，不自觉地就想让自己效率再高一些。我就这样白手起家。

　　要研发肿瘤新药，首先得找到"靶子"——也就是肿瘤特有的分子。只有靶子找准了，才能精准攻击。二十年前，我们国家还没

1996 年，阎锡蕴于实验室

有自己发现的肿瘤药物靶点。我决定从最基础的地方做起，从寻找和鉴定新靶点开始。不到十年时间，我们就发现了几个新的肿瘤靶点，其中最有潜力的，就是CD146分子。我们把这个靶点在血管生成、肿瘤转移、炎症以及免疫中的生理功能和病理机制进行了系统的研究。可以说，在全世界范围内，没有人比我们更了解它了。我们为了研究CD146而建立的研究工具，包括抗体库、各种基因突变的表达载体，以及近20种转基因小鼠，现在已经分享到全世界研究CD146的多个实验室。

　　找到全新靶点之后，我们开始研发"子弹"——针对CD146的新型抗体药物。如何让抗体药物真正发挥疗效？这里藏着我们的又一个创新。CD146是一个由几百个氨基酸组成的大分子，包含了成千上万个可能被抗体识别的表位，但并不是每个表位都关键，只有击中它功能"开关"的抗体，才能真正阻断它的功能。就像"打蛇打七寸"，得找准那一处要害。那CD146的"七寸"在哪儿呢？我们决定从结构入手，去看它在被激活、发挥功能的那一刹那，到底哪里发生了变化。果然，我们捕捉到了它构象改变的关键部位——那个转瞬即逝却至关重要的位置。我们围绕这个位置设计了一种特异性的抗体，能够"卡住"CD146的构象变化，结果令人惊喜——它在抑制肿瘤方面表现出非常优异的效果。目前，我们正在将这株抗体往药物方向推进。这个发现也得到了国际同行的高度评价。后来有企业来和我们合作开发抗体药物，他们说，从没见过哪个团队能把一个靶点研究得这么系统、这么深入。

我经常与后来的学生们讲发现 CD146 靶点时一个学生的小革新。为了研究 CD146 在促进肿瘤血管新生中的作用，需要用到鸡胚尿囊膜模型。通常的实验手段是给孵化过的鸡蛋"开天窗"露出尿囊膜来操作和观察。但是"天窗"太小，不便操作。这名学生就想，能不能把整个鸡胚都从蛋壳中取出来操作。但是取出来的鸡胚放在玻璃平皿里继续培养，总是因为失去蛋壳的支撑和保护而死掉。他就灵机一动，到市场去买了一堆与鸡蛋大小和形状接近的小瓷茶碗儿，用来模仿蛋壳，当作培养鸡胚的容器。没想到茶碗儿养鸡胚的效果特别好，既保证了成活率，又为操作和观察尿囊膜提供了充足空间，实验结果非常漂亮。后来当我们 2003 年第一次在血管领域顶尖期刊 *Blood* 发表这个发现时，这个在茶碗儿里做出来的实验结果还被期刊选为封面照片。我常把这个故事分享给后来的学生，以说明创新可以体现在时时处处。

我始终坚持创新才是科研的灵魂。继发现新靶点、新机制，研发新药物之后，我又开始考虑如何通过技术创新研制新的诊断试剂，让诊断更灵敏、更准确。及早诊断加精准治疗，是最大程度提高治疗效果的双重保障。这里边的技术创新，我就打算通过抗体和纳米技术的跨界结合来实现。纳米酶就是在这次跨界中偶然发现的。

对于材料、物理、化学等领域，我完全是外行。但是纳米材料像酶一样有催化功能，这个全新的现象对我太有吸引力了，我一心要搞清楚这背后的秘密。所以，我又一次重新出发了。那时我也不知道未来会走到哪儿去，因为面前还没有路……

从偶然到必然

纳米材料具有类似酶的催化活性是偶然现象还是必然规律？

拿着这个结果，阎锡蕴首先去请教了我国纳米领域杰出的科学家解思深院士（1942—2022 年）。解院士当时是我国首个纳米领域重点基础项目"纳米材料和纳米结构"首席科学家，同时是国家自然科学基金委员会"纳米科技基础研究"计划专家组副组长，并担任着国家纳米科学中心主任和中科院物理所研究员，从顶层设计和政策引导，到基础科研资助，再到科技攻关和人才培养，都为我国纳米科学发展做出了重要的贡献。当初，正是解院士推荐阎锡蕴参与国家第一个纳米领域重大研究计划的跨学科大研讨，这是阎锡蕴从生物医学向纳米领域跨界的契机。

阎锡蕴与解院士的结识，也是缘于一场更早的跨学科"误打误撞"。在 2003 年 SARS 流行期间，阎锡蕴作为全国防治非典型肺炎指挥部科技攻关组成员，承担了研制抗 SARS 病毒抗体的工作。在鉴定 SARS 病毒表面主要的抗原 S 蛋白时，需要用到超高分辨率扫描电子显微镜（电镜）。了解到中科院物理所刚进口了一台当时最先进的设备，阎锡蕴就打电话去请求设备支援。这台设备正是解院士为了研究纳米材料表面特征而购买的。听说是用于 SARS 病毒研究，与阎锡蕴素昧平生的解院士非常慷慨地将全新的电镜无偿地提供给她使用。每次当阎锡蕴带着学生拿着灭活 SARS 病毒去使用电镜时，解院士哪怕停下自己的研究也将电镜让出，并风趣地大喊："SARS 来了！都让开啊！"正是借助这台电镜，阎锡蕴第一次直观地呈现了 SARS 病毒重要的抗原 S 蛋白的三聚体结构，为研制 SARS 抗体和疫苗提供了重要的参考，并因为这项研究获得科学技术部的表彰。

这一次，解院士看着阎锡蕴带来的纳米材料催化活性实验结果，仍然以一贯的风趣口吻说了一句："是真的吗？别诈和啊！"这看似轻松的提醒，让阎锡蕴意识到，必须有更系统和深入的研究来小心地求证这一大胆的假设。高利增和课题组的其他学生都被这个假设鼓舞着，继续投入这个前景尚不明朗的研究中去。

为了证明纳米材料具有类酶活性是规律而不是偶然现象，首先就要在更多的纳米材料上复现这种现象。在此前的纳米领域跨学科研讨中，阎锡蕴结识了很多材料学专家。这次她找到了当时的东南大学生物电子学国家重点实验室的顾宁教授（后当选为中国科学院院士）合作。顾宁教授致力于纳米材料在生物医学工程中的应用研究，擅长制备多种纳米材料。他向课题组提供了多种多样的四氧化三铁纳米材料。

纳米材料在不同应用场景下需要有不同的表面修饰以便于应用，比如用一些高分子聚合物包覆。实验证明，无论表面如何修饰，只要是四氧化三铁纳米颗粒，都会表现出类似过氧化物酶的催化功能。这就提示，类酶催化活性是四氧化三铁纳米材料固有的特性。

接下来的问题是，从大块材料的"惰性"到纳米尺度的"活跃"，纳米材料的类酶催化活性从何而来？阎锡蕴推测，纳米材料的类酶催化活性很可能是一种全新的纳米效应。如果是这样，那么它的催化能力应该与材料的尺寸有关系，可以设想，在一定范围内材料尺寸越小，催化能力越强。是不是这样呢？高利增选取了 30 纳米、150 纳米和 300 纳米几种不同大小的四氧化三铁纳米颗粒来进行实验，果然，催化能力随着材料尺寸的减小而增强。因此可以断定，类酶催化活性是纳米材料的新型纳米效应。

再下一个问题有点儿复杂。纳米材料的催化活性看起来与酶类似，那么它们之间有哪些相似之处和哪些不同之处呢？

阎锡蕴带领大家设计了这样几个实验来对比纳米材料与酶在催化功能方面的异同。首先的就是反应动力学实验。如果把化学反应比作烹饪，那么底物就像是食材，产物就像是做好的菜品，酶就像是把各种食材加工为菜品的厨师，研究酶的反应动力学就像是研究厨师的出餐速度。1913 年，德国生物化学家雷奥诺·米凯利斯和加拿大医师莫德·门滕根据酶促反应的酶－底物复合物机制推导出一个简单的方程来描述理想状态下的酶促反应动力学，这个方程被称为米氏方程，是酶促反应的特征性模型。这个方程描述的就像是一场"厨王争霸"比赛的现场——如果食材供应得少，厨师的处理能力达不到饱和，出餐速度就由食材的量来决定；如果食材供应充足，要多少有多少，那出餐速度就由厨师的能力和人数来决定；当食材的量远超厨师的处理能力，那么出餐速度就恒定不变了，也就是由现有厨师的最大能力决定。实验结果表明，四氧化三铁纳米颗粒的反应动力学完美符合酶促反应特征性的动力学米氏方程。尽管要彻底搞清楚纳米材料的催化机制还有很多工作要做，但是与酶的典型特征的相似，提示了纳米材料的催化机制一定与酶有相似之处。

我们已经知道，纳米材料因纳米效应而"天赋异禀"。此前已经发现的纳米材料的"超能力"，包括获得 2023 年诺贝尔化学奖的量子点在内，主要是纳米效应带来的物理学特性，比如电导性、磁性、光吸收、热阻、声学性质等，每一项超能力都带来一系列的新技术和新产品。而发现纳米材料的类酶催化特性是第一次发现纳米材料的生物催化效应，这种连接了无机世界和有机世界的全新的效应又将带来哪些技术的变革，无疑是令人期待的。

想到这里，阎锡蕴决定尝试一下磁性纳米颗粒能不能被当作过氧化物酶来用，这就又回到了这一新发现的起始点——利用磁颗粒创造新的免疫检测技术的初衷，不一样的是，磁性纳米颗粒已经被发现具有类酶活性这种新的超能力了，这次的设计不再需要辣根过氧化物酶，磁性纳米颗粒偶联抗体后即可身兼三职，既能从样本中抓到目标分子，又能带着目标分子被磁铁富集，最后，凭借它本身的催化活性，催化显色，指示目标分子的存在和数量。按照这个设计，团队打造了全新的"无酶"免疫检测系统，利用这个新技术尝试了对乙肝和心肌梗死的标志物的检测。结果表明，四氧化三铁磁性纳米颗粒的催化活性在这个检测系统里不仅能取代酶的作用，还由于原本就具有磁性而使检测更方便、更灵敏！

解决了磁性纳米颗粒是否"能用"的问题，下一个问题便是研究磁性纳米颗粒是否"好用"。首先就是稳定性。酶是"脆弱"的，它之所以"脆弱"，是因为组成它的一长串氨基酸必须折叠成一个唯一正确的构象才能发挥正常功能，维持这个构象的化学键和相互作用力"细若游丝"，一旦被打破，蛋白质的构象发生变化，也就不能执行应有的功能。一方面，我们利用着酶的"脆弱"，比如茶

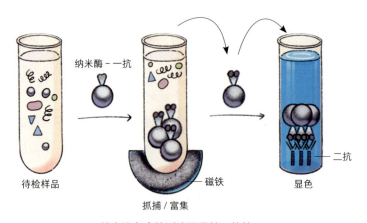

纳米酶免疫检测法既灵敏又快捷

叶杀青、蔬菜焯水，都是用高温"杀死"其中的酶，防止食物因为被氧化而变色变味；另一方面，酶的"脆弱"在我们需要应用它的时候就成了它最大的问题。让酶离开了生命的"温室"，到"外面的世界"去施展身手，我们往往需要对其"百般呵护"，这使得酶的应用场景比起其丰富的种类和功能来说显得非常有限。

那么具有类似于酶的催化活性的纳米材料也会这么"脆弱"吗？因为四氧化三铁纳米材料具有稳定的晶体结构，形成晶体结构的化学键和相互作用力非常"强悍"，坚不可摧，所以理论上它的催化活性不应该像酶的催化活性那么脆弱。事实是不是这样呢？

果然，实验结果表明，四氧化三铁纳米材料在 0~90 摄氏度范围内都能维持稳定的催化活性，也就是说，就算是把它放在接近沸腾的水里泡上 2 个小时再拿出来，它仍然能像炼丹炉里跳出来的孙悟空一样，"满血"启动。

除了温度，pH 值是另一个常见的考验。这一点上，纳米材料的稳定性也"秒杀"酶。在 0~11 这个几乎覆盖了从极酸到极碱的 pH 值范围内，四氧化三铁纳米材料的稳定性始终如一，而与之对照的辣根过氧化物酶则只能在 pH 值 5~9 范围内保持稳定。

温度和 pH 值是酶在应用时最需要耐受的条件。比如，在日常生活中，最常见的酶添加产品是洗涤剂，添加了蛋白酶的洗涤剂可以有效去除蛋白类污渍，但是由于洗涤剂通常是碱性的，而且人们常使用热水洗涤，这就需要洗涤剂中的蛋白酶能耐热耐碱。酶在其他的应用领域，比如皮革加工、食品加工等，都存在诸如高温、酸性和碱性等"不友好"的工作条件，那么催化活性类似于酶但是又比酶"皮实"得多的纳米材料在这些领域就可能担当酶的升级替换版本，就像是在严酷环境中以铁甲替代血肉之躯一样，毫发无损，使命必达。

至此，从意外发现磁性纳米颗粒的催化现象，到探索现象背后的纳米材料类酶催化新特性，再到新特性的应用尝试，这个新发现完成了一个小闭环。然而，阎锡蕴意识到，这项工作到现在还只能算是一个发现，无论是在理论层面的意义，还是在应用上的前景，它的未来都将是具有突破性的，也必将是充满挑战的。

阎锡蕴鼓励学生在这个全新的发现基础上继续深挖。在组会上，她讲了一个她在美国做博士后时的导师讲过的一个比喻——探索性的研究就像是发现洞口外露着一根尾巴，你往外拽，不知道会拽出来一只小老鼠还是一头大象。

她相信，这个洞口里藏着一头大象。

发现的力量

　　除了四氧化三铁磁性纳米颗粒有类似过氧化物酶的催化活性以外，其他纳米材料是不是也会有类似其他酶的催化活性？阎锡蕴相信这是必然的，因为这背后一定存在共性的规律支撑。她已经能预见到，当越来越多的纳米材料被发现有多种多样的类酶活性，而纳米材料不仅在稳定性方面远远优于酶，还可能具有纳米效应赋予的其他独特性能，它们的应用势必会带来催化领域的技术革命。她决定公开发表这项发现。尽管怀揣对未来无尽的想象和创意，她最终还是将眼前这篇论文的题目拟定为《磁性纳米颗粒内在的类过氧化物酶活性》，平实而严谨。

　　但是当她拿着完稿的论文去投稿时，却因为这项研究的内容过于交叉而屡屡碰壁。短短 7 页的文章，包含了材料学、纳米技术、酶学、生物化学和生物医学等内容，即便是综合性的期刊，也不知道该将这篇稿件归到现有的哪个领域。有的杂志甚至直接回复说，我们无法审稿，因为不知道该找哪个领域的专家来审。

当我们以今天的视角回顾 19 年前那个时期，我们会发现，现在纳米领域最具影响力的专业期刊，大都是在 20 世纪初期才创刊的，这正是世界各国纳米科技研究从起步到飞速发展的过渡期。层出不穷的新领域像新生的锋芒渐渐地突破了传统的学科划分框架，学科的交叉则助力了这种突破。"纳米酶"就是这股新潮流的一个生动写照。

　　这时，团队了解到，自然出版集团当年刚刚创办了一本专注于纳米技术的新刊，名为《自然·纳米技术》（ Nature Nanotechnology ）。这本期刊当时尚未拥有影响因子——这一指标通常需等期刊连续出版至少两年后，才能依据其文章被引用的频次计算得出。影响因子在一定程度上反映了期刊的学术影响力，也是科研人员投稿时的重要参考，甚至一度被视为衡量作者科研水平的关键指标。尽管如此，当阎锡蕴看到该刊主页上"致力于发表纳米科学和纳米技术各领域高水平研究"的跨学科定位时，毫不犹豫地做出了决定——不看影响因子，就投它了。

　　这一次，文章很快就被接受。2007 年 8 月，文章正式发表。期刊还专门为这篇文章配发了一篇特邀评论。当看到评论文章以"Hidden talent"（隐藏的天赋）为标题，阎锡蕴暗自惊叹，这不就是"锡蕴"吗？阎锡蕴觉得，自己与纳米酶的相遇，似乎是必然的。

　　这篇甚至还没有带上"纳米酶"命名的论文，就这样为这个新领域的殿堂铺上了第一块基石。当然，在那个时刻，还没有人能够意识到这一点。

后来回顾纳米酶的发展，阎锡蕴经常说："当纳米酶从无到有，它就像是有了自己的生命，无论如何都会发展。我们自己也只是像低头登山的人，经常是看到了里程碑，才发现原来已经不知不觉又到了一个新的高度。"

如阎锡蕴预料，自从文章发表后，陆续有其他研究者受此启发，纷纷报道了其他纳米材料的类似酶活，截至 2024 年，已有来自 55 个国家的 420 家研究机构先后报道了 1500 余种纳米材料具有类酶催化活性。这些研究者的背景也多种多样，跨越材料、传感、生物医学等领域。从发现现象，到探讨机制，再到应用探索，对新领域的热情和期待在世界各地被点燃。

2013 年，我国电分析化学领域的汪尔康院士注意到了这个成长中的新领域，他敏锐地意识到纳米材料的类酶活性在免疫检测和生物传感中的应用价值，并且从人工模拟酶的视角，将这一类具有类酶催化活性的纳米材料称作"nanozyme"。这个命名由代表"纳米"的词根"nano"和"酶"的词根"zyme"嵌合而成。同年，阎锡蕴为之赋予一个简明的中文名——纳米酶。这两个命名准确地抽提出这一类材料的"纳米材料"属性和"类酶"活性这两个看似不相干的特性，跨越了无机世界和有机世界，既包含了对其本质和机制的理解，又暗示了纳米酶未来应用潜能的广阔。有了命名，就像是为新领域划下一个圈，不仅将越来越多样化的纳米材料类酶活性研究都归拢在内，还将源自各个领域的研究者集中在一起，成为学科发展最初的力量。

2017年，距离首篇关于纳米酶的文章发表已经过去了10年。面对在世界范围内已成热点之势的纳米酶研究，阎锡蕴觉得是时候对纳米酶10年来的进展予以总结，凝练出关键问题，引导研究者们向关键问题集中。她想到了香山科学会议。香山科学会议是由我国科学技术部发起，在科学技术部和中国科学院的共同支持下于1993年正式创办的，由于会议主题都是基础研究的科学前沿问题和中国重大工程技术领域中的科学问题，相继得到许多部委的资助与支持，以议题的原创性和氛围的开放自由著称，是我国科技界高层次的常设性学术会议。阎锡蕴提交的"纳米酶催化机制与应用研究"主题会议的申请得到了批准。她联合了国内分析化学、催化化学、生物传感以及纳米材料等领域的多位院士专家，共同担任执行主席，邀请了中国科学院长春应用化学研究所、国家纳米科学中心、中国医学科学院基础医学研究所、中国科技大学、东南大学、武汉大学等十几家单位的40余位专家参会。这次会议明确了中国学者在纳米酶研究领域的领先地位，提出及时布局重大项目的倡议。阎锡蕴提出了纳米酶未来研究的关键问题，首先是催化机制，在此基础上实现纳米酶的调控和设计，以及发展在生物、医学、农业、环境、国家安全等国家重大需求领域的应用。一句话，纳米酶要"顶天立地"。这次会议成为国内纳米酶研究从自发走向顶层设计的新起点。

2019年，当原本来自材料、化学、纳米技术、生物医学等领域的研究者在纳米酶学科研究上越来越聚焦，学科人才越来越聚集，建设纳米酶学科专门的学术交流和人才培养平台的需求愈发突出。阎锡蕴曾作为副理事长服务于中国生物物理学会，深知学会对于学科建设和人才支持的重要性。中国生物物理学会也一直致力于促进新兴学科和交叉学科的发展。在时任学会领导的支持下，阎锡蕴组织成立了纳米酶分会。从此我国纳米酶领域的研究者有了"家"，纳米酶学科的人才队伍越来越壮大。

2020 年，拥有全球最具影响力的期刊数据库的施普林格出版集团特邀阎锡蕴以纳米酶为主题，为纳米科技领域的研究者、研发工程师和研究生主编一本英文专著。书稿内容编写得很顺利。在敲定这本专著的书名时，施普林格出版集团提出一个简明的标题——《纳米酶学》（Nanozymology）。在此之前，纳米酶还从没有冠以"学"的名头。阎锡蕴犹豫了，尽管她在几年前就提出了纳米酶应聚焦于机制研究和应用研究的倡议，国际国内的纳米酶研究也开始走上快车道，但是"大胆假设，小心求证"的科学家思维总是让她觉得纳米酶成为一门独立学科还不到时机。施普林格出版集团的回答也很简明，他们认为纳米酶"已经发展出核心原理、方法和应用"，这就满足了独立学科的要素。最终，当这本大红封面上印着"Nanozymology"的大部头拿到手上时，阎锡蕴又一次认识到，科学的发展是有其自有的规律的，就像种子一旦萌发，它必定要朝着天空长成大树。纳米酶从此就成为人类发展出的众多学科中有名有姓的一个。

在这个新知涌动的时代，就如所有新学科发展必然会遇到的情况一样，纳米酶的出现造成了原有知识体系的重构，必然会与"接壤"的其他学科产生碰撞和冲突。正如社会学家斯坦尼斯拉夫·安德烈斯基所言，"知识的进步迟早会破坏原有的秩序"。

2020年12月，催化领域重要的学术期刊《ACS催化》编辑部发表一篇社论，以"Nano-Apples and Orange-Zymes"为标题，论述纳米催化与酶催化风马牛不相及之意。他们认为人工催化剂与酶之间的边界泾渭分明，纳米材料的催化活性应属于催化剂范畴，而其催化机制并没有被证明与酶的催化机制相同，不应当使用"纳米酶"一词模糊两个不相干的领域的边界。社论最后还声称，尽管已有近千篇纳米酶主题的文章发表（截至该文发表时），该刊今后将不再发表以纳米酶为主题的文章。

同行之间就具体学术问题持不同观点，在学术圈司空见惯，然而作为具有国际影响力的一国学会的官方期刊公开否定新概念，却并不常见。这篇强硬的社论就像是一篇檄文，让团队里的年轻人坐不住了，纷纷跑到阎锡蕴办公室来，摩拳擦掌要写文章回击。阎锡蕴却异常冷静，她对年轻的同事们说："首先，我认为这篇社论的出现正说明纳米酶已经产生了对领域内国际主流的影响力，我们应当对自己的工作更自信。纳米酶在催化机制上确实还有很多研究工作要做，质疑的声音恰恰帮我们指明了需要继续努力的方向，我们完全可以把质疑当作提升自己的契机，重新审视这些年的工作，重新思考未来的方向。"

阎锡蕴向几位对纳米酶发展有重要贡献的国内科学家表达了这个想法。在之后的 4 个月里，几位科学家几经研讨，针对被质疑的问题，对纳米酶新概念的外延和内涵重新进行了深入的思考和研究，发表文章正面回应了质疑。

针对"纳米酶"名词模糊纳米催化与酶催化的质疑，回应文章引用了超分子化学之父、1987 年诺贝尔化学奖得主让－马里·莱恩的批判性思想："定义的核心应当是清晰和精确的，但其边界通常是模糊的，这是由于领域之间会发生相互渗透。而这些模糊区域之内发生的领域之间的相互影响实际上对学科的发展起到了积极的作用。"⊖文章明确提出，"对于纳米酶这样一个新兴的跨学科领域，虽然需要一个核心定义，但我们也相信一个模糊的边界对于创新是必要的"。

该领域已发表的 7500 多篇论文，报告了大约 300 种不同的纳米材料，它们的催化活性类型已经涵盖了天然酶 7 类催化反应类型中的 4 类（上述数据均为文章发表时的统计数据，截至本书完稿时，纳米酶催化类型已经增加为 6 类），而这些纳米酶已经被证明可以代替酶应用于从分子检测和肿瘤治疗到环境治理等多个领域，甚至由于纳米酶稳定性高和耐恶劣条件，与天然酶相比更有优势。

基于该领域的发展现状，纳米酶可以被定义为在生理相关条件

⊖ 超分子化学正是化学与生物学、物理学、材料科学、信息科学和环境科学等多门学科交叉构成的边缘科学，从而为分子器件、材料科学和生命科学的发展开辟了一条崭新的道路，且为 21 世纪化学发展提供了一个重要方向。

下催化酶底物转化为产物并遵循酶动力学的纳米材料，即使纳米酶和相应天然酶的反应分子机制可能不同。而随着纳米酶的快速发展，纳米酶的定义很可能还会更迭。

针对"纳米酶应该表现出与酶在结构或功能上的相似性"的质疑，回应文章接受目前大多数纳米酶尚未达到这一标准的事实，但是同时指出，"目前通过向天然酶构效关系的学习，已经可以设计出底物特异性和催化活性向天然酶看齐，甚至酶活超越天然酶的纳米酶，我们认为更包容的定义将有利于该领域的发展"。

回应文章在最后强调，纳米酶研究都是由应用驱动的，其简单目标是用更稳定、更具成本效益、更具活性的纳米材料取代天然酶。尽管与天然酶的结构与机制可能不同，但是纳米酶并不追求与酶在表面上的"形似"，而是追求在应用性上与酶的"神似"，甚至是超越。从这个角度上来说，"纳米酶无疑将有力地促进纳米技术与生物学之间的交流，带来新的思想和学术热情"。

这篇回应文章正面迎接质疑，以理性思辨推动国际与国内在纳米酶核心定义和研究目标上的共识，更凭借对多元观点的包容，以及中国人特有的"和而不同"的智慧，展现了中国科学家在全球学术舞台上引领潮流的自信与风范。

新学科的发展通常经历跨学科交叉、需求驱动、核心理论建立、技术突破、争议与规范化、学术组织建设、政策与产业推动、主流化的过程。这些共同点适用于大多数新学科的发展轨迹，无论是物理、化学、生物学，还是计算机科学、人工智能、环境科学等领域。纳米酶也正在经历着这个成长的过程。

　　许多科学发现都源自偶然事件。如同弗莱明在被霉菌污染的细菌培养皿中发现青霉素，伦琴在被阴极射线意外照射到的感光纸上发现 X 射线，彭齐亚斯和威尔逊在射电望远镜的"噪声信号"里发现宇宙微波背景辐射，以及前文中提到的贝采里乌斯在掉落进铂粉的酒杯中发现催化剂一样，纳米酶的发现过程也充满了偶然性。然而，科学的进步并非完全依赖运气，更依赖于必然性。从外部条件来说，只有当科学发展的内在逻辑、技术和方法论为新学科提供了完善的土壤，新学科的种子才能萌发。在纳米酶学科创立之前，多个学科的发展为其奠定了坚实的基础。酶学研究深入解析了天然酶的催化机理，从米氏动力学到 X 射线晶体学，科学家逐步揭示酶活性中心的作用，并通过定点突变技术优化酶功能，为仿生催化提供了关键理论支撑。同时，人工酶的探索尝试用金属配合物、分子印迹等方法模拟天然酶，尽管其催化效率有限，但推动了科学家对酶结构 – 功能关系的理解。与此同时，纳米科技的发展使人们认识到纳米材料的独特效应，诸如量子效应和表面效应，如何赋予纳米材料在催化领域的独特优势。随着溶胶 – 凝胶法、水热合成等技术的成熟，科学家能够精准调控纳米材料的尺寸、形貌和表面化学性质。此外，催化科学的进展，如非均相催化的研究、密度泛函理论（DFT）计算的应用，使得科学家可以系统分析纳米材料的催化机理，并优化其性能。这些学科的交汇推动了纳米酶的发现和发展，使其成为纳米材料、催化化学与酶学融合的全新领域，为生物催化和医学检测等应用开辟了新的可能性。从时代背景来说，当纳米科技成为国际科技竞争的焦点，国家从政策层面推动学科交叉，将相关领域的科学家汇集到纳米科技领域，智慧的共振激发无限可能，物理、化学、生物、材料与计算科学相互交融，才催生出纳米酶这一突破性的创新成果。

从研究主体来说，尽管偶然的实验现象能为科学家提供突破性的灵感，但是只有通过系统的探索、逻辑推理和实验验证，偶然现象才能真正发展成为科学突破。在纳米酶的发现过程中，阎锡蕴团队最初观察到某些纳米材料在特定条件下表现出类似酶的催化活性，这一意料之外的现象并未立即被理解和接受。研究者们随后通过系统实验分析这些材料的催化机理，结合酶学、纳米科学和催化化学的理论框架，揭示了纳米材料的表面效应、电子结构以及与底物的相互作用如何赋予其类酶功能。在进一步的研究中，科学家利用材料合成技术优化纳米颗粒的结构和成分，提高其催化效率，并借助计算模拟预测和解释其催化行为，并探索了纳米酶在多个领域的应用潜能。从自发的兴趣型研究，到以国家需求为目标的有组织研究，正是这些严谨而富有创造力的研究，使得纳米酶从一个偶然的实验发现，逐步发展为一个融合多学科的新兴学科和技术领域。

中国人的舞台

　　从偶然发现，到成为学术前沿和新兴技术的"全球明星"，中国科学家一直是推动纳米酶发展的主力军。

　　科研论文是衡量学科影响力最直观、最具说服力的指标。中国科学家的纳米酶研究成果被持续发表于国际高水平期刊，在数量与被引用频次上均居世界前列。2022 年，中国科学院与全球权威科研信息机构科睿唯安（Clarivate）联合发布的"年度科研前沿"报告中，纳米酶被评为化学与材料领域的十大热点前沿之一。这一评选基于全球论文的高被引度和研究聚焦度进行统计分析。统计过程就像在浩瀚的科学宇宙中寻找最璀璨的星系。首先，依托国际权威的科学引文数据库，筛选出被引用次数排名前 1% 的论文，即"高被引论文"，我们将其比作恒星，闪耀着卓越的学术影响力。其次，寻找高被引论文之间的关联性，发现那些总是被共同引用的论文，即"核心论文"，它们就像是相互吸引的星团，标志着某个研究领域最活跃的学术交汇点。这些核心论文与施引论文共同形成一个研究前沿，如同科学宇宙中的星系。众多研究前沿中核心论文的篇均引用频次最高且引用时间最集中的，便是"重点热点前沿"，正如同最明亮的星系，以最耀眼的光芒，吸引全球科学家的目光，引领知识边界的拓展。

根据该报告，纳米酶作为重点热点前沿，其4篇核心论文全部由中国团队发表，其中有2篇来自中国科学院生物物理研究所阎锡蕴团队与其他国内外团队的合作，有1篇是由中国科学院长春应用化学研究所曲晓刚团队与其他团队合作发表，另有1篇由南京大学魏辉团队发表。而围绕核心论文的施引论文中，中国科学家发表的论文数量在所有国家中也遥遥领先，"反映了中国在该领域的研究非常活跃并形成了集群优势"。在科学前沿的璀璨星河中，纳米酶是一颗闪耀的"中国星"。

在以应用为目的的技术创新赛道上，中国团队也引领着纳米酶的突破性进展，比如对标准的制定。"不以规矩，不能成方圆"。而对新兴行业来说，主导国际标准就等于掌握产业规则。我们国家在国际竞争中处于领先地位的行业，往往是在制定产业国际标准中占据话语权的，比如5G、高铁等。

纳米酶的催化活性受材料种类、大小、表面特性和结构等因素影响。即使是同一种纳米酶，在不同的尺寸、表面特征或实验条件下，催化效率大相径庭。因此，建立统一的检测方法是所有标准的基石。由国内多家高校、研究机构以及医院、企业组成的中国团队于 2019 年向国际标准化组织纳米技术委员会（ISO/TC229）提交的首个评估纳米酶活性标准草案在 2020 年通过国际立项，并经过中国、美国、日本、加拿大等多个成员国专家的多轮讨论和审定，最终于 2023 年 2 月 24 日正式发布。这是全球首个关于纳米颗粒类酶活性测量的国际标准。更多的纳米酶国际标准正在陆续推出，将进一步巩固中国在纳米酶研究与应用中的全球领先地位。

从最初的发现到今天的国际引领，中国科学家在纳米酶研究领域取得了卓越成就，不仅推动了该学科的发展，也带动了相关技术的广泛应用。未来，随着更多创新和技术突破的出现，纳米酶将在生物医学、环境保护、能源等多个领域发挥更大的作用，继续巩固中国在这一前沿领域的国际引导地位。

无论如何，纳米酶诞生并且发展起来了。未来将告诉现在，纳米酶是催化科学的一场革命。它以兼容纳米材料的稳定和天然酶的绿色和高效之优势，既能在极端温度、强酸强碱中游刃有余，也能润物细无声地在温和条件下高效启动难以进行的反应，将拓展催化科学的边界及应用领域。在医学诊断中，它是精准检测的利器，为疾病筛查带来高灵敏度与高稳定性；在肿瘤治疗中，它是隐形的战士，可以智能响应肿瘤微环境，激发强效氧化攻击；在环境治理中，它是污染克星，能高效降解有毒物质，让碧水蓝天重现生机；在工业制造中，它是催化先锋，推动绿色化工建设，实现可持续发展。

纳米酶，不仅是科技创新的璀璨结晶，更是改变未来世界的关键力量。它正在撬动生命科学的新纪元，为人类迈向更加智能、高效、可持续的未来做出贡献！

第三章

纳米酶，刚柔并济的催化智慧

无论酶还是化学催化剂，它们对于化学反应的帮助都是通过降低化学反应所需的活化能来实现的，面对高耸在底物和产物之间的能垒高山，它们为化学反应开辟出新的捷径。这是催化反应的共同机制。至于开辟出怎样的捷径，不同的催化剂就各行其道了。酶的温和精准，化学催化剂的粗放稳定，纳米酶的"集天然催化与人工催化之大成"，都是由怎样的催化路径决定的呢？

酶：以柔克刚的太极高手

  酶的催化机制，就像一套"以柔克刚"的太极推手。它不靠蛮力去强行破坏底物的化学键，而是借由活性中心的精准构象，去柔性地迎合和引导底物，然后通过构象的调整，稳定住底物向产物转变的过渡态，温和地帮助反应顺利进行。酶的活性中心通常由金属离子、特殊氨基酸残基乃至辅酶构成，它们可以通过提供或接受电子、稳定过渡态或诱导构象变化来促进化学反应。

  酶促催化过程始于酶与底物的结合，这一结合并非"硬碰硬"，——酶的活性位点会因底物的接近而发生微调，直至两者完全互补，实现结合。这正是诱导契合学说的核心思想，类似于"顺势而为"。在这一过程中，酶不仅提供了一个合适的微环境，还会主动拉伸或扭曲底物，使其更容易进入反应状态。

  过渡态是整个催化过程中最微妙的瞬间，是底物向产物转化的必经之路，也是最不稳定的阶段。想象一下侧手翻的过程，翻转到头下脚上的那一刻，稍有不慎便会跌倒，恰似化学反应中的过渡态。而酶的作用，就是在这个关键时刻稳稳地"托住"过渡态，就像是侧手翻时有人在你头下脚上的那一刻在你腰上扶一把，不必过度用力，而是顺应翻转的态势，以精准的氢键、共价中间体或电子转移作用巧妙地维持平衡，确保它顺利"落地"，完成化学转变。

人们对酶的结构研究为这种"以柔克刚"的催化策略提供了有力证据。X 射线晶体学让科学家们看清了酶如何在活性位点周围构建起精细的"催化空间"。冷冻电子显微镜被广泛使用则进一步揭示了酶在催化循环中的动态变化——酶的构象并非一成不变，而是随催化进程动态调整，确保催化过程的每一步都顺畅进行。核磁共振研究也表明，酶分子在溶液中并不是静止的，而是不断进行着细微的振动和调整，这种"柔性"正是它们能高效催化的关键所在。

除了"看到"结构调整，计算模拟也揭示了酶如何用"巧劲"稳定过渡态。密度泛函理论计算能够精准描绘电子云的重新分布，而分子动力学模拟则展示了酶是如何通过微小构象变化来影响底物的化学键长和角度，使其更容易断裂或形成的。通过这些研究，我们更清晰地理解了酶的催化原理。

结构的精巧和柔性赋予了酶四两拨千斤的巧劲，但同时也使酶脆弱易损，这使原本大有可为的酶，只能局限在接近生理条件下的有限应用场景中发挥作用。

化学催化剂：
以刚破坚，烈火锻金

与酶的柔性截然相反，化学催化剂选择了一条"刚猛之路"来催化化学反应——以高温、高压为辅助条件帮助底物活化，以活性位点的强力电子转移能力"撕开"底物的化学键，强行突破阻碍化学反应发生的能量壁垒。

多数工业催化便是走的这样的"刚猛之路"。以哈伯 - 博施法合成氨反应为例，氮气分子内氮原子之间的三键紧密结合，几乎无懈可击。然而，在铁基催化剂的作用下，高温、高压环境提供的强大能量，让氮气分子被迫吸附到催化剂表面，键长被拉伸，三键被撕裂，活性氮原子随即与氢原子结合，生成氨气。

然而，传统的化学催化剂往往伴随着高能耗、高污染和低选择性的问题。它们的活性位点简单直接，对反应物缺乏精准的调控，因此，副反应的发生不可避免，产物的收率和纯度常常不尽如人意。此外，这些催化剂在剧烈的反应条件下容易失活，如金属催化剂可能会发生烧结、氧化等现象，酸碱催化剂则可能因溶解或结构崩塌而丧失催化性能。

纳米酶：刚柔并济，游刃有余

如果说化学催化剂是"以刚破坚"，酶是"以柔克刚"，那么纳米酶的特点便是集二者之长，即"刚柔并济"，既有化学催化的强大稳定性，又带有酶催化的精准性与温和性。纳米酶"刚柔并济"的秘密，源自材料特质与人工智慧的融合。

纳米酶的研究历程，始自意外发现，经历了从探索现象、总结规律到理性设计的逐步递进过程。最初，研究者主要依赖材料的自然筛选，像探宝一般，测试不同金属氧化物、碳材料、金属团簇等纳米材料的类酶活性，积累着对材料性质与催化功能之间联系的初步认知。随着大量实验数据的获取，这片曾经模糊不清的领域逐渐现出轮廓。研究者不再满足于偶然发现，而是开始以材料的晶体结构、缺陷密度、电子构型等性质为线索，逐步理清了"构"与"效"之间的内在联系，打通了从现象到规律的桥梁。最终，科学家们进入了"设计师"时代，通过使用表面修饰、元素掺杂、缺陷工程等技术，在原子级别上雕琢材料，实现精准调控甚至定制其催化性能。这一阶段的纳米酶不再是偶然产物，而成为经过理性设计的、有章法的功能体，能在多领域应用。

材料本身的化学性质

纳米酶的"刚"首先来自构成它的材料。材料本身的物理性质和化学性质是纳米酶强大的稳定性和催化活性的前提。在已经发现的诸多纳米酶当中，最初发现的一批大多数是由过渡金属或过渡金属化合物构成的。尽管纳米酶的发现过程充满偶然性，但是纳米酶最初从四氧化三铁纳米颗粒这种过渡金属氧化物纳米材料中被发现，又隐含了某种必然性。

物质的物理性质和化学性质归根结底就是由其分子或原子结构决定的。比起脆弱的蛋白质，金属及其化合物由金属键、离子键或是共价键将原子紧密而规律地连接成晶体结构，能在较宽的温度、压力和 pH 值条件下稳定存在，使纳米酶在恶劣环境下依然能保持催化效率。这一特性特别适用于工业催化、环境治理等对稳定性要求极高的应用场景。

物质的化学性质更多就是由元素的核外电子排布来决定。某些金属元素更愿意"给"出电子，比如钠，核外电子数为 11，最外层只有 1 个电子，就很容易"大方"地舍弃这个电子，变成稳定的 Na^+。而与之相反的，某些非金属元素容易"抢"电子，比如氧，共有 8 个电子，最外层共 6 个电子，离"满员"（8 个）只差 2 个，就很容易从别的原子处"抢"来 2 个电子。

而在元素周期表内被称为过渡金属的这一区域内的元素，它们的电子排布有个共同点，即 d 亚层内的电子数处于"半满不满"的状态。它们既不像钠那样对自己的电子"一丢了之"，也不像氧那样对别人的电子"一抢到底"，而是"可丢可抢"。拥有这样灵活多变的性质，过渡金属很适合用来做电子的"中转站"，催化反应的"舞台"也就在这里搭建起来了。

延伸阅读

物质的物理性质和化学性质主要是由其微观结构决定的。在原子的小世界里，电子围绕原子核分布在不同的"层"（n=1, 2, 3...）与"亚层"（s、p、d、f）中。而 d 亚层正是现代材料与生命化学中的关键角色。d 亚层在第三能层开始出现，最多容纳 10 个电子。它包含五个形状各异的轨道，轨道分布具有空间方向性，整个 d 亚层充满了几何美感，也决定了铁、钴、镍为什么能被磁铁吸引、金属为什么闪闪发亮、金属为什么能导电、高锰酸钾为什么是紫色等诸多抢眼的物理性质，以及由过渡金属及其化合物构成的纳米酶为什么有催化活性。

我们仍以最早发现的纳米酶——由四氧化三铁纳米颗粒构成的过氧化物酶纳米酶为例，铁是过渡金属，它的 3d 亚层排布的 6 个电子，对于 3d "满员"容纳 10 个电子的数量来说，不多不少，所以铁存在多种价态，可以灵活地给出或是获得电子。以一抹蓝色彰显纳米酶的存在的 TMB 显色反应中，TMB 是电子供体，过氧化氢是电子受体，而四氧化三铁纳米颗粒就是二者之间电子传递的中转站，它将过氧化氢分子吸附于表面，使其转变为具有强大电子抢夺能力的中间体。当两个 TMB 分子靠近时，中间体依次从每个 TMB 分子上各抢来一个电子，失去电子的 TMB 分子变为蓝色的氧化态，而被中间体抢来的电子连同伴随转移的氢最终给了过氧化氢分子并使其转变为水分子。这其中，铁的价态的转变为暂时"容留"电子提供了空间，而在一个循环结束后，铁又回到初始的价态，准备迎接下一轮反应。

除了传递电子，过渡金属 d 亚层向各个方向伸展出去的轨道使其独具强大的"配位"能力，能"兜住"底物不稳定的过渡态，降低活化能。

过氧化物酶纳米酶的这种催化机制，恰与天然过氧化物酶的机制类似。天然过氧化物酶的活性中心正是以含有铁原子的血红素作为电子传递中间体。除了铁以外，其他氧化还原酶类的活性中心还可能含有铜、锰、钼、钴、镍等过渡金属，这些金属元素在酶催化的氧化还原反应中的电子传递和稳定中间体的过程里发挥了关键作用。

过渡金属被生命选择，也为纳米酶设计提供了灵感。自从四氧化三铁纳米颗粒成为打开纳米酶新世界的第一把钥匙，铁基纳米酶和以其他过渡金属元素为材料的纳米酶，成为最早涌现出的纳米酶种类，具有氧化还原酶催化活性的纳米酶也以 95% 的比例占据了目前已经发现和设计的纳米酶种类的绝大多数。与天然酶类似的催化机制赋予了纳米酶温和催化的天赋。

纳米尺度效应带来的高比表面积及表面缺陷

那么，是不是有了材料，就有了催化活性呢？当然不是，否则，我们的世界将充满混乱的化学反应。纳米酶催化活性的决定性因素还来自它的纳米尺度。

纳米尺度首先为纳米酶带来了高比表面积。表面原子才是催化活性的来源。纳米尺度越小，暴露在材料表面的原子占比越多，材料的催化活性才能表现出来。这一点我们已经在本书的第二章做了介绍。也正是因为这个原因，我们日常所见的含有与纳米酶相同材料但是处于宏观尺度的物件，小到锅、碗、瓢、盆，大到火车、飞机，才能"安静"地供我们使用。

除了高比表面积，纳米尺度也为纳米酶带来了表面缺陷。换言之，晶体材料的特点是原子排列像士兵方阵一样井然有序，而纳米材料在合成过程中由于偶然因素出现局部的无序，形成诸如表面台阶、空位、突起、凹陷、错位等结构上的缺陷，纳米尺度越小，缺陷越多。这种局部结构的"不完美"反而成为产生催化活性的温床。缺陷的存在打破了材料的对称性和稳定性，形成新的能级结构和电子分布，从而提供了更多的反应活性位点，促进底物吸附，加速了电子或质子转移——这些正是催化反应最需要的几个关键条件。

自从发现"偶然"产生的表面缺陷能带来高效的催化活性，纳米酶的研究者就"有意"去利用这种构效关系设计纳米酶，通过改变合成条件，或者掺杂其他元素，人为地制造结构上的"不完美"，以提高纳米酶活性。除了在原本有序的晶体材料上制造不完美，科学家也受此启发，将制造纳米酶的材料扩展到了非晶体材料上，这就是碳基纳米酶的由来。比起晶体材料，碳纳米管、石墨烯、碳量子点等材料包含更多的结构缺陷，而这些缺陷带来的电子分布的不均匀成为碳基纳米酶催化活性的来源。

闯入微观世界的催化理论

表面电子和结构缺陷是催化科学在宏观世界的理论。纳米酶的出现，自然要将催化科学的边界拓展到微观世界，而掌管微观世界的是不按"常理"出牌的量子力学。这不禁让我们期待纳米酶会有哪些在经典力学规则下看似不可能的"特异功能"。科学家们首先遇到的纳米酶的"特异功能"就是低温催化。

科学家们发现某些纳米酶不仅能够在常温下催化，还能在 0 摄氏度的条件下照常催化，更极端的是，有的纳米酶在零下 20 摄氏度时仍然表现出与常温时几乎毫无二致的催化活性，这看似已经严重背离了经典热力学规则。在传统的催化理论中，底物分子要跨越一定的能垒才能转化为产物，催化剂帮助底物开辟一条更容易跨越的通路，降低能垒。即便如此，底物仍然需要积累足够的能量才能被"活化"，做好跨越能垒前的"热身"。在没有高温高压以及光照等条件提供额外能量的情况下，底物分子依靠分子世界里时刻进行的分子热运动获得活化能——正如舞池里不停旋转跳跃的舞者，分子在热环境中随机碰撞和振动，只有当某一刻某些分子"幸运"地获得了足够的能量，才能成功越过能垒。而随着温度降低，分子热运动的活跃程度降低，有幸获得足够活化能的"幸运者"的比例也随之降低。假设在常温 25 摄氏度时有 100% 的分子能跨越能垒，那么到了零下 20 摄氏度，这个概率将下降 700 倍，即不足 0.2%。因此，在零下 20 摄氏度下仅靠分子热运动是不足以支持催化反应进行的。而低温纳米酶在零下 20 摄氏度下仍然能够催化化学反应。这种"违背常理"的现象，很可能揭示了一个催化理论的微观秘密——量子隧穿效应。

延伸阅读

量子力学是用来描述和解释微观粒子（如电子、光子、质子等）运动规律的基础理论框架。在原子及亚原子尺度的微观层面，物质与能量展现出许多不同于经典物理学的特殊性质。其中，粒子具有波粒二象性是量子力学最令人惊叹的特征之一。在经典力学框架下，物质的运动是连续的和确定的，但在微观世界中，微观粒子既具有粒子特征，也同时表现出波动性。换言之，粒子并不像经典物理学所描述的那样，是一个确定位置的"点"，而更像一种概率分布的波。

量子隧穿是粒子的波粒二象性带来的效应之一。根据经典物理学的观点，若一个粒子的能量低于能垒的高度，它是不可能越过这一障碍的。但在量子力学框架下，由于粒子的波动性，波函数有一定的概率延伸至能垒另一侧，粒子便有可能以"隧穿"方式穿越本应无法逾越的能量屏障。量子隧穿已经被应用在许多前沿实验和技术中。一个经典例子就是扫描隧道显微镜，这种设备通过测量探针与样品表面之间的隧穿电流，实现了原子级别的空间分辨率，首次让人类能够"看到"原子在材料表面的真实排列结构。

科学家们推测，纳米酶的催化机制可能是一种量子力学行为在纳米尺度材料中被放大的结果。我们一方面用纳米尺度和结构缺陷产生的效应来解释纳米酶的催化机制，而真正决定催化活性的，很有可能是那些轨道之间的细微共振、电子之间的瞬时跃迁，以及能级之间的巧妙调控。特别是在低温催化中，纳米酶利用电子/氢/质子的隧穿效应，如同"瞬移"般穿越能垒，无须借助传统热激发，就能实现能垒的跨越。这一假说不仅打破传统催化理论中对活化能的认知，也为低能耗、高效率的绿色催化路径提供了可能。

在酶催化研究中，天然酶中的质子隧穿被认为与某些氧化还原反应的高效性密切相关。在纳米酶的研究领域，如果未来可以证实纳米酶中的量子隧穿机制，并加以调控，这将大大拓展其应用边界。例如，在冷链医学检测领域，以及在极端低温环境催化中（深海、极地、太空等），纳米酶都可实现在低温下的催化。更进一步，如果纳米酶的电子结构设计能够精确调控隧穿行为，甚至有望开发

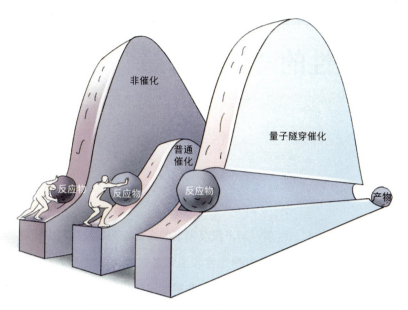

低温纳米酶可能通过量子隧穿效应实现低能耗催化

出"量子开关型"催化剂——在不同能级或光激发条件下切换催化路径，实现对化学反应的高度选择性与智能调控。这不仅是对催化科学的延展，也将成为连接量子物理与功能材料的新桥梁。

量子效应还将为纳米酶点亮哪些技能，我们不妨继续想象。

超越性的"催化智慧"

　　我们从材料的性质、纳米尺度带来的高比表面积效应和结构缺陷效应理解了纳米酶具有稳定性和温和高效催化活性的原因。其实，纳米酶"刚柔相济"的"催化智慧"已经超越了化学催化剂和天然酶。它独具的多酶活性、多能性和环境响应性，使其不仅能作为天然酶或是化学催化剂的升级替代，还能在复杂体系中建立外部信息与化学反应之间精准联动的全新催化体系，并开辟出独有的应用领域。

　　纳米酶不像天然酶那样具备与底物互补契合的结构域，也就没有如同天然酶一般的底物专一性。一方面，科学家利用分子印迹、物理和化学吸附、表面修饰等策略，为纳米酶加装底物识别关卡，通过仿生设计提高纳米酶的专一性。另一方面，纳米酶的泛催化能力反倒被科学家们拿来"将计就计"，作为打造多酶级联反应的利器。利用贵金属纳米酶的多酶活性杀伤肿瘤就是这样一种精妙的设计。肿瘤"贪婪"地攫取血液中的葡萄糖作为它的能源物质，科学家利用肿瘤这一特点，将贵金属纳米酶投放进肿瘤，它先是作为氧化酶把葡萄糖氧化成葡萄糖酸内酯和过氧化氢，然后又立刻切换身份，展现其过氧化物酶的活性，继续将过氧化氢转变为杀伤力极强的羟基自由基，通过内种酶活的接力，将肿瘤的"大餐"变成"毒药"，精准地杀死肿瘤细胞。而具有三种甚至四种酶活的纳米酶，还将在生物传感检测、化学合成等领域发挥多么独到的作用，我们尽可以大胆想象。纳米酶再次让我们认识到，科学的价值往往是由视角决定的，智慧是点亮科学的火花。

多能性是纳米酶相较于天然酶和化学催化剂的另一个独有的特色。在我们讨论它的类酶催化活性时，也不要忘记它原本就具有的纳米材料属性。我们已经在本书第二章领略了纳米材料在物理性质和化学性质方面的"天赋异禀"，这对研究纳米酶的科学家们来说，就是灵感和创意的源泉。将纳米酶的酶活性与材料的磁性结合，可以将纳米酶打造为集磁共振成像和肿瘤杀伤功能为一体的诊疗一体化药物；将某些金属纳米酶具有表面增强拉曼散射或是等离子体共振的光学性质，用于检测和传感，在酶活性催化目标检测物发生反应后，引起的光学性质的变化就成为可以被检测到的信号；某些纳米酶能够将近红外光转变为热能，那它就可以化身为兼具催化杀伤和光热杀伤双重武力的肿瘤杀手。

相比传统无机催化剂的"硬碰硬"，许多纳米酶具备环境响应性调控能力，如在特定 pH 值、温度或底物的刺激下催化活性才显现。此外，通过表面官能化、材料掺杂、缺陷引入等方法对纳米酶的结构进行改造，可以实现对纳米酶的电子结构与活性位点的精准调节，从而实现对反应路径与活性选择性的高度控制。例如，碳基纳米酶表面富含含氧官能团，这些柔性结构赋予其良好的水溶性和生物相容性。同时，某些掺氮石墨烯量子点因其丰富的电子结构调控能力，表现出类似氧化酶的活性，在体外诊断、活性氧检测等方面展现巨大潜力。这种结构、功能和环境的多层级耦合机制，是天然酶和化学催化剂都难以比拟的"催化智慧"。

　　未来，纳米酶的发展趋势将更加注重"可编程化"与"智能响应"：以精准控制催化位点电子结构为核心，结合人工智能设计算法和高通量实验手段，加速构效关系中的规律的发现与预测。同时，发展多功能集成的响应型纳米酶平台，实现多模协同等新型应用场景，将为纳米酶在体内以及体外多样化的应用提供无限的可能。

第四章

人工造物的偶遇，还是生命遗迹的重逢

纳米酶发现于人工材料之中，它的"集天然催化与人工催化之大成"的天赋，以及多功能和可调控的独特性，使它成为比较理想的模拟酶来源。科学家用最先进的技术将纳米酶打造为最极致的"人工催化剂"的同时，心中一直萦绕着一个问题——纳米酶以无机材料的属性发挥出类似有机生命的功能是巧合吗？像酶一样高效而精细的"催化智慧"，竟然可以来自结构简单的纳米材料，纳米酶究竟是与我们"偶遇"的一种人工造物，还是在很久以前就以某种方式悄悄地与生命相关联了呢？

　　很多人工造物后来被发现其实早已经存在于生命之中，简单的化学物质可以承担复杂的生命功能，这些"认知颠覆瞬间"曾多次出现于科学史中。例如，被人类合成和使用了几十年的工业明星材料——特氟龙，作为全氟化合物，它的 C－F 键极其稳定，几乎不会自然降解，但是你能想象在某些微生物的代谢产物中居然存在着它的类似物吗？简单化学物质担当复杂生命职能最典型的例子，就要数遗传物质 DNA 了。DNA 早在 1869 年就已经被发现了，但是它的结构看起来太简单了，只是四种碱基的排列而已，在它被发现后的 80 多年里，都只被看作是一种"无足轻重的化学物质"。直到 1952 年，阿尔弗雷德·赫尔希和玛莎·蔡斯证明真正的遗传物质正是 DNA，而非此前人们认为的具有更复杂结构的蛋白质。1953 年，詹姆斯·沃森和弗朗西斯·克里克揭示了 DNA 的双螺旋结构，彻底颠覆了人们对这种分子的认知。特氟龙的故事提示我们，生命的化学"工具箱"可能比已知范围还要广，生命与非生命的界限也许不那么明晰。而 DNA 仅仅依靠 4 种碱基的排列组合就支撑起庞大的生物多样性，更体现了生命以极简形式实现复杂功能的优雅"设计逻辑"。

纳米酶会不会也早已被生命"征用"，所以才能跨越无机和有机，以"简单"支撑"精巧"？新的探索由此开始。这一次的方向指向了人类终极谜题——生命起源。

如果把整个宇宙 138 亿年的历史浓缩成一年，那么在宇宙年历上将记录着这些重要时刻：1 月 1 日，宇宙在大爆炸中诞生；3 月，银河系成形；9 月初，太阳和地球出现；9 月 21 日，地球上最早的生命悄然诞生——这些生命并非复杂的动物，而是简单的单细胞生物，它们缓慢进化，直到 12 月，生命才真正迎来了"加速度"——多细胞生物在 12 月 14 日出现，恐龙在 12 月 25 日登场，哺乳动物在 12 月 30 日接管舞台，而人类的出现，迟至 12 月 31 日的 22 点 24 分，整个人类文明历史都只发生在宇宙年历的最后一分钟。

宇宙年历中的生命简史

从宇宙的时间和空间跨度来说，生命的存在只是瞬息之间，如同沧海一粟。蓝色星球上产生意识对宇宙来说意味着什么呢？著名天文学家卡尔·萨根曾说："我们由星尘构成。我们是宇宙认识自己的方式。"作为万灵之长，人类以有涯之生命去探索无涯之宇宙，这似乎是刻在人类基因里的使命。认识生命本身，就是破解宇宙奥秘的入口。

自古以来，中西方都对生命的起源充满好奇与想象。在中国传统文化中一些重要的概念，如"生生不息"，如"道生一，一生二，二生三，三生万物"，这些朴素的哲思，已捕捉到生命从起源到进化的走向——从混沌到有序，从简单到复杂，从无形到有形，万物都在不断地演化与发展。而在西方的思想中，类似的探索同样贯穿千年。古希腊哲学家阿那克西曼德曾提出，生命最初诞生于"湿润的元素"，由简单的水生生命体逐步演变至陆地动物——这无疑是生命进化思想的雏形。亚里士多德则用"自生论"解释有机体的诞生，认为特定条件下，生命可以从无生命的物质中自然涌现。它们都体现了人类早期试图理解生命从无形到有形、从简单到复杂的基本过程。

在人工造物中发现的纳米酶，又是如何穿越至 38 亿年前，跨过人工与天然之间的结界，回响于生命起源的时空呢？

谁是 "LUCA"

如果把地球上的所有生命看作一个庞大家族，那这个家族的族谱最顶端会写上一个名字——LUCA。这个好听的名字其实是英文 "Last Universal Common Ancestor" 的缩写，意思是 "最后的共同祖先"。科学家认为地球上所有已知生命，不管是人类、植物、动物，追根溯源，都会指向这个古老的共同祖先。

19 世纪之前，关于生命从哪里来，人们一直信奉的是亚里士多德的 "自生论"，即生命从无生命的物质中产生，例如，河泥里会 "自发" 长出青蛙，腐肉会 "自发" 长出蛆虫。那么，科学家又是怎么想到会有 LUCA 的呢？这背后其实是一场跨越两个世纪的科学推理。

19 世纪，显微镜将生物科学带进微观世界，人类从未如此接近生命的本质。1838 年，马蒂亚斯·雅各布·施莱登在显微镜下观察到，植物的花粉、胚珠和柱头这些看似截然不同的构造都包含着相似的、规律的基本单位——细胞，他由此提出了植物由细胞组

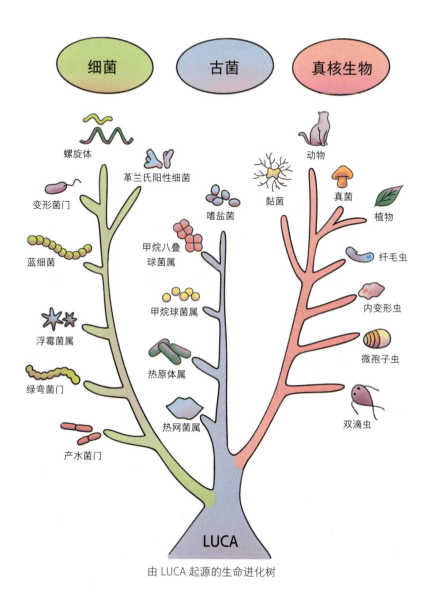

细菌　古菌　真核生物

螺旋体

革兰氏阳性细菌

变形菌门

嗜盐菌

黏菌

动物

真菌

植物

蓝细菌

甲烷八叠球菌属

纤毛虫

甲烷球菌属

内变形虫

浮霉菌属

微孢子虫

热原体属

绿弯菌门

热网菌属

双滴虫

产水菌门

LUCA

由 LUCA 起源的生命进化树

成，细胞是植物生命活动基本单位的"植物细胞学说"。施莱登的科学火花也点燃了动物学家西奥多·施旺，他激动地发现，同样的细胞结构奇迹般地出现在动物的脊索和软骨之中。生命在微观层面展现出了惊人的统一性。鲁道夫·魏尔肖在细胞学说的影响下，系统地论述了细胞病理学理论，强调"细胞皆源于细胞"。

接着，达尔文在 1859 年发表了著名的《物种起源》，提出了自然选择和适者生存的观点，强调生物的多样性来源于世代积累的变异与适应，不同的物种之间，实际上都存在亲缘关系。这个理论的提出不禁让人联想，既然物种都是由旧的物种进化而来，那么生命是否存在某个古老的共同祖先？

与此同时，法国科学家路易斯·巴斯德则通过著名的鹅颈瓶实验证明——生命不会凭空产生，必须由已有的生命繁衍而来。实验是这样进行的：将煮沸后的肉汤置于弯曲的鹅颈瓶中，弯曲的鹅瓶颈允许空气流通却能阻挡空气中飘浮的微生物进入，数月后，瓶中的肉汁依旧清澈，未见任何生命迹象。这个实验证明，肉汁自身不会产生生命，推翻了"自生论"。巴斯德据此提出了影响深远的"生源论"——一切生物皆来自同类生物。生源论不仅与新兴的细胞学说遥相呼应，还像是一道分水岭，将生命起源问题引向了新的方向。追问又接踵而至——既然现在的生命都是前一个生命繁衍下来的，那么第一个生命是什么？

时间来到 20 世纪，生物学研究走进了分子层面。1953 年，沃森和克里克发现了 DNA 的双螺旋结构，遗传密码的奥秘被逐步解

巴斯德曾使用的鹅颈瓶

（图片来源：Pasteur，CC BY 4.0，http://well come collection.org）

开。不论人类还是细菌，DNA 的结构和使用方式几乎完全相同。这个事实继续推进着生命起源新推理的出现——所有生命很可能有一个共同的遗传体系，并且这个体系早在生命的最初阶段就已经确定了。

随着基因测序技术的发展，不同生物间基因的比较给了我们更直接的证据。无论是细菌、古菌，还是复杂的动物和植物，它们维持生命最底层运行的"核心组件"的基因的相似性极高，例如，负责制造蛋白质的核糖体、参与能量转化的 ATP 酶，这些物质所对应的基因几乎没有改变，稳定地存在于不同生物体内。这种跨物种、跨时代的"基因保守性"，说明这些基因最早出现在某一个共同的祖先身上。

就这样，经过一连串科学发现，LUCA 被推理出来了。它被描绘为一个生活在海底热液喷口附近的原核单细胞生物，拥有 DNA、RNA 和蛋白质三种物质体系，具备细胞膜和核糖体，依靠质子泵驱动能量合成。

当然，原始地球极有可能曾孕育出多种不同形式的原始生命体。它们或许采用了不同的起源途径，拥有迥异的遗传机制、能量代谢方式，甚至细胞结构。这些原始生命各自尝试着向复杂化迈进，在变幻莫测的地球环境中展开一场漫长的适应与淘汰赛。最终，只有 LUCA 成功打通了从自我复制、稳定代谢到遗传信息传递的全部关卡，建立起一套高效且稳健的生存框架。这种框架成为所有已知生命的共通基石。其余的生命体则在严酷的时间长河中悄然湮灭，未能延续。

以 LUCA 的出现为分界线，在此之后的历史是生命进化，而在此之前的谜题就是生命起源——生命从无到有的过程。追寻生命起源就像是拼一幅没有图纸，甚至连各个小拼图都不知道散落在哪里的拼图。我们一边从地质学的岩层、化学的反应瓶、生物学的遗传密码和天文学的星际尘埃中寻找散落的小拼图，一边不断猜测着拼图的全貌。

从原始汤到细胞：
生命起源的未完成拼图

目前，生命起源拼图已经被完成的部分告诉我们，生命是由化学反应蜕变而来，当化学获得了以下特征，就变成了生命——在有膜包裹的结构内，有代谢和遗传信息的复制。生命就是化学在特定环境下自组织的自然结果。这个蜕变过程包括三个关键步骤：无机分子→有机分子（氨基酸、核苷酸等），有机小分子→有机大分子（蛋白质、核酸等），有机大分子→膜包裹的结构（脂质膜包裹的细胞）。这就是目前关于生命起源问题的共识——化学起源学说。

在这个共识下，诞生了多种假说，使得生命起源的谜题变得扑朔迷离。让我们循着化学起源学说的逻辑脉络，看看目前各种假说的起承转合。

生命的基本原料从哪里来，地球还是宇宙？

20世纪20年代，俄国生物化学家亚历山大·伊万诺维奇·奥巴林和印度生物学家约翰·霍尔丹几乎在同时分别提出了相同的设想——生命是在原始地球的海洋里，经过漫长的化学演化，一步步积累形成的。这个设想中假定，在包含水蒸气、二氧化碳、甲烷、氨气和氮气等气体的原始大气中，由闪电和紫外线提供能量，简单的无机物之间发生化学反应，最终生成了氨基酸、核苷酸等生命的基本原料。这些原料在海水中富集，形成"原始汤"，直到复杂的有机体系诞生。这就是著名的"原始汤假说"。这一设想，将生命起源首次拉进了化学反应的框架，使问题从神秘的生命之谜，变成可以实验验证的化学假设。

1953年，载入史册的米勒－尤里实验为原始汤假说提供了支持。年轻的科学家斯坦利·米勒与导师哈罗德·尤里设计了一个巧妙的玻璃环路装置，仿佛一个微缩版的早期地球——一个烧瓶里盛着半满的液态水，模拟着原始海洋；另一个烧瓶里则安装了一对电极，准备随时释放人造闪电；整个系统里充入了水和他们设想的原始大气成分——甲烷、氨气、氢气、一氧化碳。实验开始，他们加热"海洋"烧瓶，让水蒸气弥漫整个装置。同时，"闪电"烧瓶中的电极持续放电，模拟着远古地球狂暴的雷鸣闪电。水蒸气在经历了这场"电闪雷鸣"的洗礼后，又被冷却凝结，重新流回"海洋"烧瓶，形成了一个完美的循环。结果令人震惊，经过几天的放电，实验瓶中的液体里竟然真的合成出了生命的要素——氨基酸。

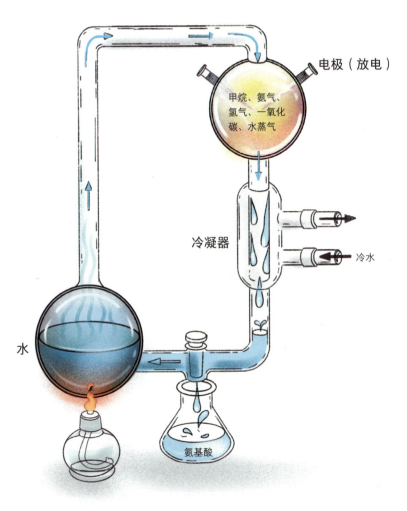

电极（放电）

甲烷、氨气、
氢气、一氧化
碳、水蒸气

冷凝器

冷水

水

氨基酸

米勒－尤里实验装置

原始汤假说不仅为"生命土生土长于地球"的猜想竖起了大旗，它最大的贡献还在于提出了生命是由非生命物质，即无机分子转化而来。

与此相对的胚种论则主张，生命的"种子"并非起源于地球，而是从宇宙其他地方（如彗星、陨石、星际尘埃等）漂泊而来，地球只是它们的"落脚点"。这一假说也有支持性证据，例如，在陨石、星际云中都曾经发现有氨基酸、碳链等有机分子的存在；某些微生物能够在真空、辐射、冷冻等极端条件下存活，很可能是它们经历星际旅行的必备本领；而地质记录显示，在地球生命出现的时间——约38亿年前，地球环境尚未稳定，这时候就诞生生命似乎早了些，因此，地球上的生命更可能是由地外飞来的"种子"孕育出来的。

胚种论虽然提供了"生命的种子从何而来"这个问题的另一种可能，但并没有解决生命是如何经历三大步骤从无机物走向有机生命体的关键问题，只是将问题的起点抛向了宇宙。因此，原始汤假说仍然是后续新假说继续展开的基础。

然而，随着研究的深入，原始汤假说逐渐暴露出它的局限性。如果早期地球的大气并非还原性（如米勒实验假设的那样），而是以二氧化碳和氮气为主，有机分子的产量将大幅降低。更关键的是，在广阔无垠的原始海洋这个"超级稀释液"里，这些孤独漂泊的小分子相遇的可能性太低，无法开启下一步反应。而最大的局限在于，闪电不能为反应的进行提供稳定的、持续的能量。围绕这几个问题，人们对生命起源的研究还在继续进行。

代谢工厂:"黑烟囱"与"白色巨塔"

20 世纪 70 年代,科学家在太平洋海底发现了深海热泉。在海面下几千米的黑暗世界里,富含矿物质的热泉从海底喷涌而出,又被海水瞬间冷却,矿物质就像烟雾般迅速沉淀,在喷口周围层层堆积,最终形成了一座座奇特的"黑烟囱",仿佛是海底世界里的工业遗迹。在这极端的环境里,却孕育着丰富的生命——耐高温的细菌、奇特的蠕虫、没有眼睛的虾等。

深海热泉的发现为生命起源谜题提供了一块重要的拼图,因为它可能为生命起源的化学网络提供两个必要条件——能量和催化剂。科学家认为深海热泉可能就是生命最初诞生的场所。能量来自热泉与海水之间形成的化学梯度,而催化剂可能就是热泉中喷涌出的硫化亚铁、硫化镍等过渡金属矿物质,在矿物孔隙中,简单有机物被浓缩,稳定的能量流使得有机分子更容易形成复杂聚合物,这样就在矿物表面形成一个能量和物质不断转换的代谢流。

不过,故事还有一个有趣的转折——基因证据推测,LUCA 是利用氢气作为主要的电子供体来还原二氧化碳并生成甲酸等有机分子的。而深海热泉环境中不存在氢气。2000 年,科学家们在大西洋深处发现了另一种由碱性喷泉形成的海底奇景,高达数十米的洁白碳酸盐巨塔宛如一座沉没的教堂耸立在海底,像是一座失落之城。经过探测发现,这里喷出的正是富含氢气和甲烷的热液,更复杂的短链烃类(比如乙烷、丙烷)在附近被检测到。碱性喷泉与海水之间形成的质子梯度,很可能就是驱动能量产生的来源,这与现

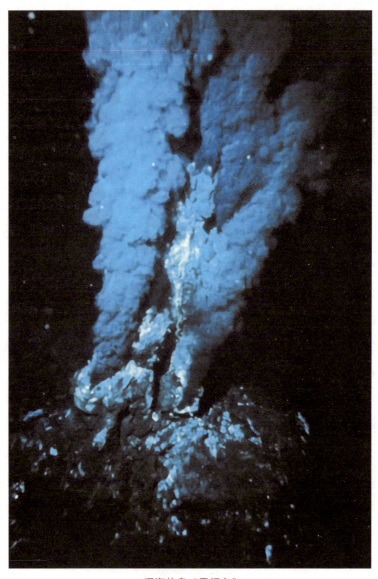

深海热泉"黑烟囱"

（图片来源：NOAA）

深海热泉"白色巨塔"
（图片来源：NSF）

有生命利用跨膜质子梯度制造能量货币 ATP 的机制极其相似。

无论是"黑烟囱"还是"白色巨塔"，都代表了生命起源理论中一个重要的流派——代谢优先学说。这一流派的学者坚信，只有当这些支撑生命活动的化学反应网络稳定运转，积累了足够的"零件"之后，遗传和复制等更高级的功能才可能随之而来。

然而，代谢优先学说并不是一块完美的拼图。它不能填补的两个"缺口"是——脆弱的有机分子在深海热泉附近几百摄氏度的高温里不能稳定存在，可能刚产生就瞬间"灰飞烟灭"了，又怎么能朝着生命继续前进呢？如果代谢优先于遗传，那么没有遗传信息作为"图纸"，大分子该如何组装？复杂而精确的代谢网络又该如何复现呢？

科学家继续尝试寻找另一块不同的拼图。

遗传先锋：RNA

科学家转而将目光投向了地球的另一端——冰冷的生命摇篮南极。地质证据显示，由于早期太阳活动较弱，我们的地球在其童年时期很可能经历过大面积冰封的"雪球"状态。实验也验证了，生物大分子有可能在低温下产生，并且稳定存在。与"低温起源"关联的"遗传优先"理论的主角是RNA。RNA世界假说认为，在DNA和蛋白质出现之前，RNA分子既储存遗传信息，又充当催化剂。后来，核酶的发现证实了RNA确实拥有催化能力，而现在仍有某些RNA病毒就是以RNA作为遗传物质的，这些发现为RNA世界假说提供了实验支撑。

然而，冰冷的环境虽然有利于分子稳定，却极大地抑制了小分子单体聚合成长链大分子的反应速度。这就如同想要在冰天雪地里搭建一座精巧的冰雕，虽然原料（小分子单体）很稳定，但黏合它们（聚合反应）却变得异常困难。

就这样，关于生命如何在数十亿年前从无到有的故事，至今仍然是一幅残缺的拼图。由于早期地球环境的极端复杂性和生物分子演化的漫长过程，我们想要拼出那个能够完美诠释一切的、统一的生命起源理论，或许仍需要找到更多的小拼图。

纳米酶科学家就是从这里向生命起源谜题出发的。

纳米酶：生命起源遗落的拼图

纳米酶科学家敏锐地意识到，在当下所有生命起源假说中，无论是代谢优先还是遗传优先，无论是热泉高温还是冰封低温，背后似乎都有一个共同的关键线索——催化剂。

在各种假说中，科学家假想的生命化学网络催化剂都是地球上无处不在的矿物，例如硫铁矿、蒙脱石矿、黏土矿等。在科学家的设想中，无机矿物既能像"分子海绵"一样吸附和浓缩那些漂浮在原始汤中的有机小分子，还能催化它们发生反应。然而，随着研究深入，科学家发现无机矿物催化有机分子合成的反应效率其实相当低下。衡量催化剂效率的指标叫作转换数，它的定义是在单位时间内每一个催化活性中心能够催化的底物的分子数。转换数可以类比餐馆里每一张餐台的翻台率，餐台的翻台率越高，餐馆就能服务越多的客人。天然酶的转换数能达到几千万甚至几十亿，而经过实测，普通矿物的转换数往往小于1，这就像是一张餐台来了一桌客人，餐馆效率低下，以至于这桌客人一天都不能吃完一餐。矿物如此低下的催化效率，对于需要持续、稳定地进行化学演化的生命起源来说，显然难以胜任催化剂之职。所以，原始地球上一定存在另一种形式的、更高效的催化物质。

除了效率高，这种催化物质还需要解决一个看似无法调和的"冰与火"困境。有机分子虽然在高温热泉里能够快速反应但容易"灰飞烟灭"，而在冰封世界里，尽管能稳定存在，但反应却如龟速进行。如果有一种能够在低温条件下高效催化有机分子合成反应的物质，就能破除这个困境了。也许这就是生命起源谜题中那块能将所有拼图串联起来的、被遗落的拼图。

纳米酶恰好满足科学家对这种设想中的生命起源催化剂的所有预期。纳米酶具有类似酶的催化功能，催化效率高，甚至能够在零下 20 摄氏度进行高效催化，如果由它来担任生命起源化学反应的催化剂，生命就不需要解决"冰与火"的困境。在温和甚至是低温条件下，纳米酶既能拥有足够快的反应速率，又能有效保护那些脆弱的生物分子免遭高温破坏。纳米酶就像是为生命起源定制的催化解决方案。

但是，在 21 世纪的现代科学实验室中打造出来的纳米酶，又怎么能出现在 38 亿年前的原始地球，去担当生命起源的催化剂呢？

自然界中的纳米酶：跨越天地的存在

事实上，纳米酶在自然界无处不在，只不过在纳米材料被发现具有酶催化活性以前，自然界里的纳米酶只被当作普通纳米矿物存在。它们遍布于海洋深处、空气、土壤、天外陨石，甚至月球和火星上。

地球上最常见的纳米矿物当属纳米黏土矿物，谁都见过它，因为它是构成泥土主要成分的基础。黏土矿物的化学成分是含水的铝硅酸盐，大自然通过风化和蚀变将岩石加工成具有精妙微观结构的层状形态，每一片结构层的厚度都只有 0.7~1 纳米，层与层之间还存在着 1~2 纳米的微小缝隙，靠微弱的静电力连接，使得它们可以相互滑动，也能吸水膨胀。黏土的这种纳米级的层状结构和独特的吸附交换特性，使它在土壤化学乃至建筑工程中都扮演着重要角色。而且，黏土矿物的足迹绝不仅限于地球。美国国家航空航天局（NASA）的好奇号火星探测器在火星的盖尔陨石坑里，就曾发现 36 亿年前形成的蒙脱石黏土。

大自然的纳米宝库里远不止黏土这一种宝贝，多种金属氧化物（比如水铁矿、赤铁矿、磁铁矿）、氢氧化物、碳酸盐、磷酸盐的纳米颗粒，也广泛存在于土壤、河流、湖泊甚至海洋中。海洋里 80% 以上的铁都是以 20~200 纳米的颗粒的形式存在的，而锰更是几乎全员纳米化（小于 20 纳米）。甚至在深海"黑烟囱"中喷出的热液中，高达 10% 的铁是以纳米级黄铁矿颗粒存在的，这些纳米颗粒能搭着洋流漂流几千公里远。所以，天然纳米矿物不仅真实存在，而且遍布我们想得到和想不到的角落，它们的存在为我们理解地球的化学过程，乃至探索生命的起源提供了极其重要的线索和研究对象。

浩瀚的宇宙空间同样充满了纳米矿物。除了在火星上找到黏土矿物，科学家们还在各种各样的地外环境中，发现了金属单质、合金以及金属氧化物的纳米矿物。火星为什么看起来是红色的？答案就藏在覆盖其表面的大量纳米级铁矿里！这些比尘埃还细小的纳米级的氧化铁、氢氧化铁、羟基氧化铁颗粒，就像给火星涂上了一层红色的颜料。月球表面那层被称为"月壤"的风化层里，存在大量直径约 3 纳米的纳米铁单质颗粒。而早在半个世纪前，美国的阿波罗号宇航员从月球带回的样品中，就已经发现了尺寸在 10~25 纳米的氧化硅纳米颗粒。近年来，我国的"嫦娥五号"探测器更是首次在月球风化层中直接检测到了纳米级的氧化钛矿物和非常特别的富铅纳米颗粒。这些天体中存在的纳米矿物因陨石撞击和太阳风轰击生成，不仅记录了行星和小天体的形成与演化历史，也为我们解决生命起源谜题提供了更广阔的背景——也许在这些微小的颗粒表面，也曾发生过关乎生命诞生的奇妙化学反应。宇宙的纳米世界，正等待着我们去探索更多的奥秘！

身体里的纳米酶——生物矿物

纳米矿物不只存在于冰冷的岩石中，我们身体里也隐藏着一个繁忙的"纳米矿物工厂"。生命体可以通过自身的代谢活动让无机矿物盐在细胞内外沉淀下来，形成各种各样、功能奇特的生物矿物。

早在 1962 年，科学家就在一种叫石鳖的小生物的牙齿（准确地说是齿舌）里，发现了微小的磁铁矿颗粒，这是最早被确认的生物矿物之一。到了1973年，生物矿物学这个全新的领域正式诞生，专门研究这些由生物"制造"出来的、有特定成分的固体物质，比如我们熟悉的骨骼、牙齿，还有耳朵里帮助平衡的耳石，甚至是一些恼人的结石等。到目前为止，科学家们已经发现了超过80种不同的生物矿物，根据它们的化学成分，可以分成氧化物、磷酸盐、碳酸盐、硫化物等十几个大家族。这些生物矿物在生物体内可是功不可没，骨骼和牙齿提供坚实的支撑和保护，耳石帮助我们感知重力，海胆甚至用方解石晶体组成了能够感知光线的"眼睛"。

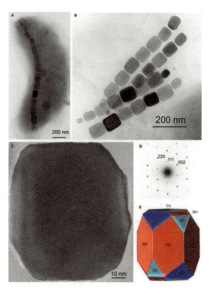

趋磁细菌中的磁小体是一种生物纳米矿物

（图片来源：http://openi.nlm.nih.gov,CC BY 3.0）

而这些生物矿物中，有许多是以纳米级的尺寸存在的。最早被认识到的生物纳米矿物，可能要追溯到 30 亿年前就生活在地球上的趋磁细菌体内的磁小体。这些磁小体其实是尺寸在 35~120 纳米的磁铁矿（Fe_3O_4）或少量针铁矿的纳米颗粒。不同种类的趋磁细菌"制造"出的磁小体形状各异，有的像小小的立方体，有的像棱柱，还有的像微型子弹。趋磁细菌体内有一套精密的"生产线"控制磁小体膜的形成和纳米晶核的长大，并将这些纳米磁铁像串珠子一样排列成直线。磁小体串就如同一个内置的微型指南针，帮助细菌感知地磁场，找到适宜生存的环境。

延伸阅读

类似于磁小体的磁铁矿晶体链曾经在火星陨石表面被发现，并曾经作为火星上存在生命的最有力证据。这个编号为 ALH84001 的火星陨石表面排列着一串串 20 纳米大小的磁铁矿晶体链，其形态和排列方式与地球上的趋磁细菌体内的磁小体惊人地相似（如下页图）！尽管当时许多人认为这只是地质作用的巧合，但后续更精密的分析显示，包裹这些纳米磁铁矿的碳酸盐微球中，留下了微生物代谢的痕迹。人们不禁猜想，也许来自火星的这串磁铁矿晶链，正是火星上某种微生物的遗骸。这个大胆的猜想由于最终没能证明活性微生物的存在而成为一桩悬案。

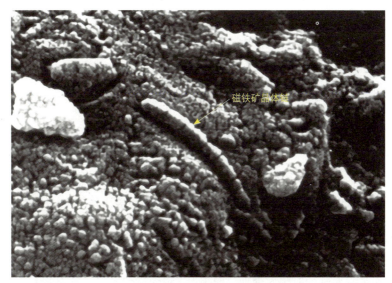

火星陨石 ALH84001 的电子显微镜照片

（图片来源：NASA）

　　受到在四氧化三铁磁性纳米颗粒中发现纳米酶的启发，科学家们大胆地设想，与磁性纳米颗粒成分近似的磁小体会不会也有催化功能，换句话说，生物体内存在的纳米矿物，除了已知的生物功能，会不会也是纳米酶？将磁小体从细菌中分离出来后，研究人员发现它们像人工合成的磁性纳米颗粒一样，表现出像过氧化物酶一般的催化过氧化氢分解的活性。更重要的是，这种"类酶活性"在细菌体内是真的有用的！如果通过基因手段让趋磁细菌无法正常合成磁小体，这些细菌会失去抵抗氧化损伤的能力。除了磁小体，科学家还发现，一些真菌在含有赤铁矿的环境中生长时，会在细胞表面形成水铁矿纳米颗粒。这些纳米水铁矿也能像过氧化物酶一样发挥作用，帮助真菌缓解过氧化氢带来的氧化压力。这些研究都揭示了一个令人兴奋的事实——生命体内的纳米矿物不仅仅是"建筑材料"或"工具"，它们还扮演着生命催化剂的角色。

那么，这种全新的催化剂在生命世界中是否普遍存在呢？科学家将目光投向了一种存在于从古菌、细菌到人类等高级真核生物在内的几乎所有生命形式中的蛋白质——铁蛋白。铁蛋白的结构像是一个球形笼子，是细胞内的储铁仓库。它的主要工作是将细胞内多余的有毒的亚铁离子转换为无机纳米铁核（类似水铁矿），并安全地储存在笼子内部，既避免了亚铁离子到处"惹是生非"，又能在细胞需要铁的时候方便地"取用"。科学家们发现，无论是古菌、细菌，还是人，它们的铁蛋白纳米内核除了储铁这个"主业"外，竟然还普遍拥有类似超氧化物歧化酶的活性，能够有效地清除一种叫作超氧离子的有害自由基。不仅如此，这种"兼职"的酶活性还和物种的进化地位有关，越原始和低等的生物，铁蛋白纳米铁核的催化活性越高。这种"逆进化"的趋势引人遐想：会不会在生命演化的早期阶段，纳米酶承担着比现在更重要的生命催化职能，可能是蛋白质酶和核酶出现之前的"先行者"，甚至在经过 38 亿年生命进化后的今天，仍默默承担着一份不为人知的酶的职能？

生命起源新假说——纳米酶世界

科学家开始用实验验证这个足以改变教科书的猜想。令人兴奋的是，科学家们发现，纳米矿物在生命起源化学反应三大关键步骤当中都有可能发挥着不可或缺的作用。

在从无机物到有机小分子的转化阶段，不同于传统矿物往往需要高温高压的条件才能启动反应，纳米级的铁镍合金在常温常压的条件下，就能高效地催化二氧化碳和氢气反应，生成像甲酸盐、乙酸盐、丙酮酸这些重要的中间代谢产物。更厉害的是，丙酮酸在纳米铁、纳米镍或纳米铁镍合金的作用下，还能进一步转化为柠檬酸，这可是细胞能量工厂里的核心角色！更多的惊喜陆续被发现。一种纳米级的镍铁氮化物，在温和的热液条件下，就能把二氧化碳和水变成甲酸盐和甲酰胺。而甲酰胺这个小分子，在纳米氧化铁等颗粒的帮助下，又能演变为构成遗传物质 DNA 和 RNA 的核酸碱基。这些实验有力地证明，纳米酶有潜力在温和得多的条件下，高效地合成代谢和遗传所需的基础有机分子。还记得纳米酶能够响应光、电、磁、热等物理因素的影响吗？这一特性似乎正是为早期地球闪电多、紫外线强烈的环境而打造的。实验表明，电场和紫外线能够提升纳米酶催化无机分子转变为有机代谢产物和遗传物质的效率。

生命"零件"造好了，下一步就是要把它们组装起来。在这个有机小分子聚合为生物大分子的关键阶段，纳米黏土（特别是蒙脱石）表现出非凡的功效。把"激活"的核苷酸和蒙脱石粉末混合在模拟海水中，在室温下放几天，就能神奇地看到核苷酸像串珠子一样连接起来，形成了含有 2~14 个单元的短链。如果不断地给这个体系"喂"新鲜的核苷酸，蒙脱石甚至能催化合成长达 55 个单元的 RNA 链。而长度在 30~60 个单元的 RNA 就已经可能具备初步的遗传和催化功能了。

有了生物大分子还不够，生命还需要一个"家"——细胞膜。纳米酶在这最后一步——大分子组装成原始细胞的过程中，可能也帮了大忙。研究发现，纳米蒙脱石颗粒表面能吸附构成细胞膜的基本单元，即脂肪酸分子，并促进它们在矿物表面"生长"，最终像吹泡泡一样形成完整的脂质囊泡，也就是原始细胞膜的雏形。更神奇的是，这些囊泡在受到外力挤压时会分裂成更小的囊泡，就像细胞分裂时细胞膜的表现一样。这简直就是原始细胞生长和分裂的重现！科学家们用其他多种纳米矿物（如硅酸盐、石英石、氧化铝等）进行验证后发现，纳米矿物不仅帮助脂质囊泡形成，还能把在自己表面合成的 RNA 顺便带进囊泡内部，带生物大分子"回家"，完成原始细胞组装的最后一步。

现在，让想象带我们回到 38 亿年前的原始地球，去亲眼看看 LUCA 的诞生。

年轻的地球在诞生 7 亿年后，包裹整个地球的岩浆逐渐冷却分层，下了成千上万年的暴雨在地面积聚成海洋，火山喷发出的水蒸气、二氧化碳、氮气、甲烷和氨气构成原始大气。小行星和彗星频繁撞击产生的尘埃将阳光遮蔽，而二氧化碳和甲烷的温室效应又导致升温，二者的双重作用使地球温度得以稳定。天空中不时有闪电击穿乌云，照亮海面和浅滩。

沿着火山活动频繁的海底裂谷，滚烫的矿物质热液持续喷涌，将铁、镍、锌、硫和硅释放进海洋。冷却的热液与海水交汇，沉淀出丰富的纳米矿物微粒，它们的电荷、缺陷、晶面，如同千千万万个化学口袋，为无机到有机的跨越铺好温床。二氧化碳和氢气被铁硫化物纳米矿物的微孔捕捉，促成了最早的甲酸、乙酸和丙酮酸的合成。这些碳基小分子稳定地积累在微孔中，反复交换电子，反复断裂重组，形成了第一个微小的代谢回路，产生这个星球上的第一次"呼吸"。

有机酸被海水带到潮间带，被沉积在浅滩的蒙脱石、伊利石等黏土矿物吸附，在那里，它们与氨气相遇，在阳光和闪电的照耀之下，第一次生成氨基酸。同样的表面吸附力，也帮助腺嘌呤、尿嘧啶等含氮碱基在周围积聚，并稳定地与磷酸、五碳糖反应，拼装出核苷酸。这些黏土矿物，仿佛原始地球的"化学积木桌"，提升了复杂有机分子的产率。

有了核苷酸和氨基酸，下一步则是聚合。黏土矿物的层状结构为分子聚合提供了理想的模板——氨基酸在黏土表面逐步排列，随着昼夜温度循环，完成肽键的形成，生成短肽链。核苷酸则在黏土片层的缝隙中依次吸附，借助矿物表面催化磷酸二酯键的连接，拼接成 RNA 片段。纳米矿物承担了催化与作为模板的双重职能。

随着海水的蒸发和涨落，富含脂肪酸的泡沫在潮间带反复聚集，纳米矿物表面的吸附力，促使脂肪酸有序排列并自发闭合，形成原始的脂质囊泡。矿物碎片甚至在囊泡形成时嵌入其中，既稳定了膜结构，又在内部继续催化未完成的反应，形成一个带有"代谢核心"的原始细胞——残留的矿物帮助维持代谢反应，RNA 和短肽逐渐协同，开启遗传信息的编码。就这样，在一片无名的潮间滩，纳米矿物完成了它们的使命——从催化无机反应，到指引分子自组装，最后助力形成稳定的结构。风暴过后，海面上漂浮着一颗囊泡，它的内部，已经孕育着一个完整的代谢循环，和一段等待复制的 RNA。

从那一刻起，生命开始了它漫长的自我复制、变异与进化，而纳米矿物，仍静静地守护着那一套最原始的机制，在后来的亿万年中，化作遗迹，被埋在地壳，也许还隐藏在我们身体深处，悄悄地延续着最初的催化之力……

当然，"纳米酶是生命起源催化剂"的猜想仍然是一个探索中的前沿领域，还需要更多来自远古地球的证据，并在实验室中进行更精密的模拟实验验证。但无论如何，纳米酶视角无疑为我们解开生命起源之谜提供了一个充满希望的新思路，也许，它正是那块遗落已久的拼图。

关于纳米酶在生命起源中扮演核心角色的猜想，也为我们探索地外生命带来了新的启示。既然地外纳米矿物也广泛存在，那么在那些遥远的星球上，是否也可能发生着类似的、由纳米酶催化的"生命前化学"过程呢？随着我国空间站的建立和探月工程的深入开展，更多来自太空的纳米信使将被发现和研究，它们将带来外星生命的讯息。而深入研究这些生命起源催化剂，不仅能帮助我们更清晰地描绘出数十亿年前生命诞生的壮丽图景，也将指导我们开

水蒸气、二氧化碳、氢气、氨气、甲烷

原始细胞

核酸、多肽、脂质囊泡

黏土矿纳米酶

③组装

黏土矿纳米酶

②聚合

二氧化碳、氢气

①-1吸附/催化

有机酸

①-2吸附/催化

氨基酸、核苷酸、脂肪酸

金属硫化物纳米酶

纳米酶是生命起源催化剂假说的示意图

发出具有全新生物催化活性的人造纳米材料，从零开始合成人工细胞也不再只是梦想，未来改造火星等外星环境也有了全新的技术方案。可以说，纳米酶－生命起源理论体系的建立，正在为连接数十亿年前的"过去"和数亿公里外的"未来"架起一座美妙绝伦的科学桥梁。

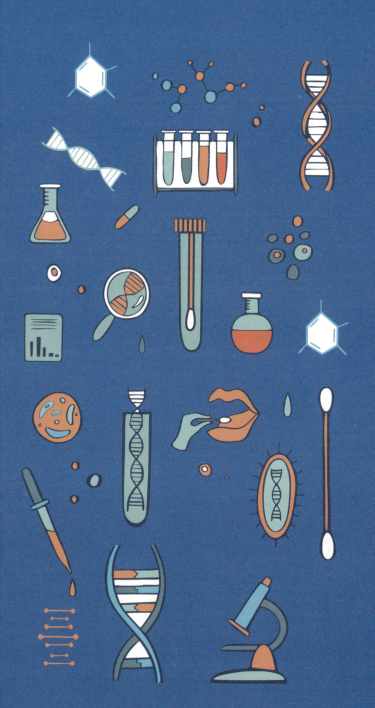

第五章

从『书架』到『货架』

从最初的偶然发现，到如今的深入探索，纳米酶的发展经历了一个从"看起来像酶"到"重新定义酶"的过程。最初，研究者发现一些纳米材料可以催化类似天然酶的反应，这被称为"类酶活性"，这一阶段的纳米酶更像是天然酶的"模仿者"。随后，随着催化机制和构效关系研究的深入以及表征技术的进步，科学家开始主动构建具备酶功能的纳米结构，形成了一类真正意义上可定制、可调控、适应性强的"人工模拟酶"。更具突破性的是，研究者将视野拓展到生命体系内，提出纳米酶原本就是"生命催化剂"的设想，改写整个生物催化的版图。这一系列跃进，不断突破着理论的天花板，推动着人们对催化本质理解的深入。这正是纳米酶研究中的"顶天"，它触碰的是关于生命与物质边界的基本问题。

科学不仅要"顶天"，更要"立地"。如何将这些理论突破转化为解决实际问题的工具，服务于国家战略需求永远是科学家的使命。纳米酶以其独特的优势——高效、温和低能耗、稳定性强、可调控可集成等，正逐步走入应用前沿。在健康诊断、精准治疗、绿色制造、农业、环境保护等多个领域，纳米酶正在找到真正"派得上用场"的位置。从实验室走向现场，从基础研究走向社会应用，它的落地能力正成为衡量其价值的另一项重要指标。

在这一章，我们将从具体的应用角度出发，看看纳米酶正在如何参与和塑造我们的现实世界。

欲善其事，先利其器

任何一种工具的广泛应用，首先取决于它本身的性能。对于纳米酶而言，催化活性、反应类型、稳定性与选择性，决定了它是否能够胜任多样复杂的应用任务。因此，围绕"器"的打磨，成为纳米酶走向实际场景的前提和基础。

提升纳米酶性能的第一步，是提高催化活性。这就像是兵器的利刃，只有足够锐利才能一招制敌。通过向化学催化剂学习催化位点的构效关系，向天然酶学习活性位点微环境对于酶活的影响，科学家已经掌握了高催化活性的秘密。在纳米酶合成过程中，通过调控粒径、形貌、晶面暴露程度以及表面电子结构，能有效提升其对底物的识别与转化效率。原子尺度的调控手段，如单原子负载、缺陷工程和掺杂调控，被广泛应用于优化催化路径，模拟天然酶中高度有序的催化环境。经过理性设计的纳米酶，再也不是随机打开的"盲盒"，催化活性被不断提高。一种以 $Fe-N_4$ 为结构核心的单分子过氧化物纳米酶的催化活性已经超过天然辣根过氧化物纳米酶

10 倍。

　　性能提升的第二个方向是扩展催化类型。天然酶家族的复杂性远超早期纳米酶所能模拟的氧化还原反应。为了打造覆盖更多应用场景的"十八般兵器"，研究者们已经将纳米酶的催化类型从最初仅有的氧化还原酶，扩展到更多种类，水解酶、裂合酶、异构酶、转移酶和连接酶也陆续被打造成功，丰富了纳米酶的"兵器库"。

　　随着人工智能与材料科学的深度交汇，纳米酶的设计正从经验驱动向数据驱动转型。机器学习模型可以基于已知结构与性能的数据集，预测新材料的酶样活性并指导合成路径的选择。高通量筛选与虚拟实验的结合，显著压缩了新型纳米酶从构想到验证的时间周期。未来，随着算法的精度提高和数据库的不断扩充，纳米酶的设计将更像"量体裁衣"。从"像酶"到"超越酶"，纳米酶正以系统性提升的方式，为每一种应用提供性能最优、作用最精准的个性化解决方案。

纳米酶诊断与检测：
兼容、扩展、集成、演进

　　医学检验技术的发展，经历了从感性到理性、从宏观到微观的演进。进入 20 世纪，显微镜的普及让细胞与微生物得以被直接观察，生化试剂与免疫抗体的应用则推动了血糖、酶类、抗原抗体等项目的常规检测，医学检验开始逐步建立实验室规范。20 世纪末期，分子生物学的兴起为检测打开新的维度——聚合酶链式反应（PCR）技术使微量 DNA 得以扩增到能被检测到的数量级别，成为病毒感染、遗传病筛查的基础手段，我们熟悉的"核酸检查"正是通过 PCR 技术检测病毒的诊断方法。自 21 世纪以来，自动化设备和高通量技术使得每日处理成千上万份样本成为可能，人工智能算法则在影像识别、病理分析等领域实现辅助决策。医学检验技术的进步不仅让疾病的诊断变得越来越早和越来越准，甚至成为治疗方案决策和疗效评估的依据。医学检验技术仍然朝着更精准、更智能、更便捷的方向努力。

酶在医学检验技术中的广泛应用是酶免疫分析技术，这种技术利用检测目标的特异性抗体去识别目标分子，而抗体上连接的标记酶通过催化底物显色或发光来指示目标分子的存在。这一类酶的作用就像是"信号弹"。肿瘤标志物筛查以及乙肝表面抗原检测等项目就是酶免疫分析技术的常见应用。

纳米酶既有类似天然酶的高效催化特性，又兼具纳米材料的独特优势。与天然酶相比，纳米酶具有更高的稳定性，能够在更苛刻的环境中保持活性，其催化性能可以通过改变尺寸、形貌和表面化学进行精准调控，而且纳米酶往往具备多重催化功能，可以同时模拟氧化酶、过氧化物酶等多种天然酶的作用。最得天独厚的是，纳米酶除了催化活性，还常常附带"副技能"——具备磁响应性、电信号传导、光吸收或荧光发射等特性，这种"一材多能"简直像是为检测和传感技术量身打造的，使纳米酶不仅能完全替代传统酶在血糖检测、免疫分析等医学检验中的应用，还能实现更灵敏的多指标联检、更便捷的即时检测（POCT），也可以装进微流控芯片，嵌入可穿戴设备，实现与智能系统的无缝集成。纳米酶正在推动医学检验向家庭化、智能化、精准化的方向发展，为疾病早期诊断和健康监测开辟了新途径。

近些年，病毒性疾病频频出现在我们的生活中。从每年冬季流行的流感，到登革热、埃博拉，再到席卷全球的新冠疫情，这些病毒的传播速度往往比我们预想得更快。很多病毒在感染早期并没有明显症状，但却已经具有很强的传染性，常常在人们还没察觉时就悄然扩散。一旦错过早期发现的机会，疫情就可能像滚雪球一样迅速蔓延，对个人健康、医疗资源甚至整个社会都带来巨大的压力。

在这样的背景下，快速、灵敏的病毒检测方法就变得格外重要。过去，我们常用的病毒检测方法需要专业实验室和复杂的操作流程，出结果往往要等上好几个小时甚至几天，这样的反应时间在应对突发疫情时远远不够。

纳米酶免疫试纸条技术的出现，为解决这个问题提供了新思路。该技术将纳米酶应用到试纸中，利用了试纸条像验孕棒一样的快捷和便利性，只需几滴样本，几分钟内就能看到结果，不需要专业设备，也不需要技术人员操作，人人都能快速上手。更重要的是，纳米酶利用磁性将抗体"抓到"的病毒聚集在一起，又通过催化性能使底物显色，既"浓缩"，又"放大"，让试纸的检测效果更清晰、灵敏度更高，有效减少漏检和误判的可能性。这种技术特别适合用于社区筛查、口岸检测、远程医疗和家庭自测等场景，帮助我们更早发现病毒感染，把传播风险降到最低。

这项诞生于 2014 年非洲埃博拉病毒肆虐期间，用于检测埃博拉病毒的新技术，又陆续成功实现了对新冠病毒、肿瘤标志物，甚至是罪案证物痕迹量血液的灵敏检测。这项技术已经在 2018 年获得了国家药品监督管理局医疗器械注册的批准，成为纳米酶"货架"上的第一个产品。

在初代产品的基础上，纳米酶通过与不断涌现的新技术的整合，实现着检测技术的迭代和诊断疾病的扩容。例如，以 DNA 适配体替代抗体实现对目标分子的识别，纳米酶检测技术实现对心血管疾病诊断。而将纳米酶应用于生物传感技术，则是纳米酶在检测技术中真正超越天然酶的"赛道"。

生物传感器由对目标分子敏感的"识别器"和将识别信号转换为电信号的"转换器"构成，家用血糖检测仪就是最常见的生物传感器。科学家开发了改性石墨相氮化碳纳米酶血糖传感器，这种纳米酶能在光照下模拟氧化酶催化葡萄糖氧化为过氧化氢，在黑暗中，这种纳米酶又切换为过氧化物酶模式，接力将过氧化氢催化，形成自给式双酶级联反应。当集成至微流控芯片时，系统如同微型作战指挥部，在 30 秒内可完成检测，其灵敏度较传统方法提升10 倍。

当传统传感器还在"单线作战"时，Fe-N-C 单原子纳米酶已化身为嗅觉敏锐的"分子猎手"。其表面均匀分布的类氧化酶活性位点结合机器学习算法，可以通过比色信号差异成功区分六种结构相似的抗氧化剂（抗坏血酸、谷胱甘肽、L- 半胱氨酸、二硫苏糖醇、尿酸和多巴胺），帮助对心血管疾病、糖尿病、癌症等多种疾病进行诊断。当结合手机图像比色平台时，普通用户在野外也能完成复杂的检测。这项技术更具备"智慧生长"潜力，未来可扩展至癌症标志物等多指标联检，为精准医疗开辟新路径。

最近，科学家们进一步将纳米酶与 3D 打印微流控芯片技术相结合，辅以计算机深度学习，研发出"纳米指纹识别术"，由此设计的纳米酶形成特殊的阵列结构，可在几秒内同时识别出数十种目标分子的含量变化情况，实现一体多能的效果，让曾经烦琐的检测变得如扫描二维码般简单。不仅如此，随着智能化可穿戴纳米酶检测设备的成熟，我们还将迎来"居家自检"的新时代。由纳米酶赋能的疾病诊断，从未如此精准而又触手可及。

纳米酶催化医学：
对抗疾病的"智能开关"

　　在人类对抗疾病的漫长战役中，用于治疗的药物如同一支规模不断壮大的军队，每一次技术的突破都标志着军队的升级与革新。在古代，人类依赖自然界中的草药、矿石、动物制品对抗疾病，这些原始疗法往往缺乏系统性和针对性。19 世纪，化学合成药物的出现标志着人类首次以科学手段设计药物。进入 20 世纪，抗体药物和重组蛋白技术的突破，使治疗推进到组织与细胞层面，但仍普遍存在靶向性不足、副作用显著的局限性。21 世纪以来，抗体偶联药物、基因编辑药物以及纳米药物的兴起，标志着药物进入"智能时代"。

　　在药物进化的"智能时代"，纳米酶的出现催生了纳米酶催化医学的新策略。纳米酶与活性氧自由基的双向关系使它成为治疗多种疾病的"攻守兼备型"武器。

　　在人体这个精密的"生化工厂"中，一类具有强氧化性的分子——自由基，特别是活性氧自由基，扮演着矛盾的角色，它的强氧化性就像是"燃烧弹"，免疫系统将它投向细菌、病毒等外敌时，它是有力的"杀伤武器"。如果当自由基过量产生或清除不足时，它会在体内"乱放火"，使身体处于氧化应激状态，成为引发炎症（风湿性关节炎、炎症性肠病）、心血管疾病（脑卒中、动脉粥样硬化）、代谢疾病（糖尿病、脂肪肝）以及神经退行性疾病（阿尔茨海默病、帕金森病）等众多疾病的"破坏分子"。这种双重身份，使得自由基成为支撑人体健康微妙平衡的支点，而一旦支点发生偏移，无论是"过"还是"不及"，都会带来相应的疾病。

纳米酶恰恰能够双向调控活性氧自由基这个支点。它既可以通过类氧化酶和类过氧化物酶的活性，催化氧气产生活性氧自由基，也可以通过类过氧化氢酶、类过氧化物歧化酶和类谷胱甘肽过氧化物酶活性，将活性氧自由基清除。纳米酶独具的对活性氧自由基"进可攻退可守"的双向调控性能，使它成为治疗上述疾病的得力武器。

促氧化纳米酶：投向肿瘤和病原的"燃烧弹"

在肿瘤治疗的传统策略中，传统化疗和放疗虽能杀死癌细胞，但对人体带来了极大的副作用，往往"伤敌一千，自损八百"。怎样实现对肿瘤的精准攻击而不"伤及无辜"，一直是肿瘤药物开发的一个最主要的方向。肿瘤局部的微环境有许多迥异于正常组织的特点，比如低 pH 值、乏氧、过氧化氢含量高等，纳米酶科学家将计就计，将这些特点利用起来当作激活纳米酶的"引信"，从而实现纳米酶对肿瘤的精准攻击。

针对肿瘤局部微环境比正常组织"偏酸"这个特点，科学家巧妙设计了由"酸"激活的具有多酶活性的纳米酶药物。这种纳米酶在正常组织的中性条件下是"静息"的，只有到达肿瘤部位的酸性环境才会被激活，首先由类过氧化物酶活性产生活性氧自由基，攻击肿瘤细胞。面对活性氧的攻击，肿瘤细胞会调动谷胱甘肽、烟酰胺腺嘌呤二核苷酸磷酸等抗氧化小分子作为抵御活性氧损伤的护盾。科学家早就为纳米酶设计了第二招，它的类谷胱甘肽氧化酶和类烟酰胺腺嘌呤二核苷酸磷酸氧化酶活性，专门清除肿瘤细胞的"护盾"小分子，失去了防护的肿瘤细胞只能听任活性氧自由基在肿瘤内"大杀四方"。

纳米酶还有很多种精确"瞄准"肿瘤的方法，例如，只能被红外线、超声或是磁场才能激活的纳米酶，被肿瘤局部施加的这些"引信"条件激活，精准杀伤；或是在纳米酶表面装载能识别肿瘤的叶酸、铁蛋白、RGD 序列等"肿瘤导航"分子，这些手段都能实现纳米酶"指哪儿打哪儿"的效果。

除了利用自由基武器直接攻击肿瘤细胞，纳米酶还能够为其他肿瘤治疗策略打"辅助"。例如，肿瘤局部微环境由于异常的肿瘤代谢而导致氧含量低，称为"乏氧"，而这种乏氧状态会"钝化"放疗、化疗和免疫治疗的效果。科学家就使用具有类过氧化氢酶活性的纳米酶，在肿瘤内部催化过氧化氢产生氧气，改善"乏氧"状态，恢复放化疗或免疫治疗的效力。

在这场与肿瘤的较量中，赋予了感知与反应能力的纳米酶不仅能够识别肿瘤的微环境特征，实现肿瘤局部的精准激活，更能在适时激活后迅速展开猛烈攻势——产生活性氧、破坏抗氧化防线、切断肿瘤细胞的生存通道。一次次的连环出击，如同在肿瘤内部引爆定向炸弹，在局部形成高强度的杀伤效应，而正常组织却得以幸免。这正是纳米酶的独特威力所在——不仅打得准，更打得狠。随着技术的不断发展，纳米酶有望成为精准医疗时代真正的"智能武器"。

针对细菌感染，纳米酶打响的则是"闪电战"。传统的细菌感染治疗主要依赖于使用抗生素，然而，与抗生素历经近百年的"遭遇战"后，存活下来的细菌一代代积累着耐药性，导致越来越多的细菌感染无药可治。曾有报告预测，如果没有对付耐药菌的有效手段，2050年全球因为耐药菌导致的死亡人数可能达到1000万，超过因癌症导致的死亡人数。

生物膜结构是耐药细菌常见的耐药机制，它是由细菌群落利用多糖、蛋白质和DNA等大分子构筑的"微型城堡"，细菌在其中组织严密、分工明确——外层细胞形成屏障，保护内层更脆弱但更重要的细菌，休眠状态细胞藏匿其间，对抗生素"装死"，等药物浓度下降后再"复活"。这个城堡外有高墙，内有补给，能长期抵御抗生素的攻击。

生物体内天然的抗菌机制之一——吞噬细胞通过产生活性氧

自由基杀死细菌，由于活性氧能够攻击细菌的多种成分，包括蛋白质、核苷酸和脂质等，因此不容易出现耐药性。受机体天然抗菌机制的启发，科学家利用促氧化纳米酶产生活性氧自由基的特点，将其开发为高效、持久、广谱的纳米酶抗生素，为耐药菌的治疗提供了新的解决方案。

由纳米酶催化产生的活性氧可以在短时间内直接攻破耐药细菌的"城堡"——生物膜与细胞壁，由此将病原菌打个"城破菌亡"。基于纳米酶的抗菌体系在临床研究中表现出广谱且高效的抗菌效果，为耐药菌的威胁提供了破局之道。最先进入临床应用的纳米酶抗生素是四氧化三铁过氧化物纳米酶，它通过产生活性氧自由基攻破引起龋齿的变形链球菌形成的生物膜，俗称"牙菌斑"，有效治疗龋齿，已经在2024年被美国食品药品监督管理局批准进入临床。而研究中的纳米酶抗生素的治疗谱仍在不断更新——耐甲氧西林金黄色葡萄球菌引起的肺炎、沙门氏菌引起的肠炎、细菌性胆囊炎、腹膜炎、脓毒症、植入医疗器械细菌污染、幽门螺杆菌引起的胃炎……

纳米酶抗生素不但能攻击耐药性病原细菌，还能对付病毒，活性氧破坏病毒包膜中的主要成分——脂质结构，使病毒包膜土崩瓦解。目前，科学家们正致力于将纳米酶开发为抗甲流病毒、抗HIV病毒的药物。不仅是药物，在抗菌口罩、防护服、空气过滤装置中，促氧化纳米酶也开始担当"健康卫士"角色，实时消杀进犯的病原。

既然促氧化纳米酶能通过攻击生物膜治疗感染性疾病，科学家们想到了用纳米酶去解决另一个由生物膜引起的危害——海洋生物污损。在海洋环境中，船体、管道和水下设施表面常因微生物附着而形成复杂的生物污损层。这些生物膜不仅增加航行阻力、消耗能源，还可能会腐蚀材料、传播外来物种。科学家将纳米酶引入这一全新的应用场景。具有类似卤代过氧化物酶活性的氧化铈纳米酶涂覆于不锈钢表面，在海水中可以防止微生物黏附和形成生物膜，具有很强的防污性能。从抑制体内感染到防护海洋生物污损，纳米酶正展现出其在不同环境中的适应能力和技术可迁移性。

抗氧化纳米酶：氧化应激疾病的"灭火员"

促氧化的纳米酶以活性氧为武器，攻击肿瘤和病原，而当体内氧化应激状态失衡，过量的活性氧肆意攻击正常组织时，具有类过氧化氢酶活性、类超氧化物歧化酶活性、类谷胱甘肽过氧化物酶活性的抗氧化纳米酶将挺身而出，及时消除体内的活性氧"火苗"，达到"釜底抽薪"之效，从而化解危机。

心脑血管疾病无时无刻不在威胁着无数人的生命。在诸如动脉粥样硬化、心肌梗死、脑卒中等心脑血管疾病中，大量产生的活性氧常导致血管细胞损伤与血管中间斑块的形成，一旦损伤或堵塞关键动脉，将不可避免地导致心脑组织的坏死。抗氧化纳米酶能够在清除病灶部位活性氧的同时，改善这些局部的炎症微环境，既清除氧化垃圾，疏通堵塞的斑块，又修复血管航道，从上游层面预防斑块的继续形成。

如果异常增加的氧化应激与炎症在神经系统内肆意"放火"，神经元的受损将导致阿尔茨海默病、帕金森病、亨廷顿病、肌萎缩侧索硬化，患者的记忆、认知以及运动能力将逐渐丧失。针对神经退行性疾病的抗氧化纳米酶药物正在研发当中，在动物模型上，抗氧化纳米酶对神经的退行与疾病的进展表现出良好的缓解效果。

当人体突然受到感染、缺血再灌注、毒素等因素攻击时，同样面临着活性氧爆炸式增长的威胁。肝脏、肾脏、肺和胃肠道往往首当其冲，最易被急性氧化应激所损伤，随时可能引发全身性的器官衰竭。而研究中的抗氧化纳米酶药物也已在急性肝损伤、急性肾损伤、急性肺损伤、急性胃肠炎等疾病的治疗中展露出极佳的应用前景。

理解自由基与疾病的关系，就像掌握了一把解读多种疾病共性的钥匙。纳米酶这类新型治疗工具的出现，让我们首次拥有了"自由基调控"的精准手段，为战胜从癌症到老年痴呆的诸多顽疾带来了全新希望。未来医学可能会证明，调控好细胞内的氧化还原平衡，就是守护健康的根本之道。

集成之力：从催化活性到诊疗一体化的纳米酶进化

除了作为自由基调控的"平衡大师"，科学家们还在不断拓展纳米酶更多类型的催化活性，以探索其在抵御疾病方面的全新可能性。如果把我们的身体比作一台巧夺天工的机械，在机械的内部，除了与氧化还原相关的酶以外，还有上千种不同类型的酶，它们好比高速运转的齿轮，各司其职地支持与调控着无数种生命活动。一旦某一种酶在表达或功能上受到阻碍，都有可能造成严重的疾病。你也许会想，假如可以将这些酶补充给患者，岂非能够实现药到病除的效果？事实上，从 20 世纪 90 年代开始，以天然酶作为药物的疗法在医疗界的发展势头方兴未艾。然而迄今为止，只有不足 30 种天然酶被成功开发作为临床批准使用的药物。天然酶在药物开发途中面临的困境，主要在于其成本高昂以及催化性质的不稳定性。以蛋白质为主要成分的天然酶，不但提取与制备过程价格不菲，而且一旦进入复杂的人体环境，往往存在活性减弱甚至完全失活的问题。针对不同疾病开发的具有不同类酶活性的纳米酶药物，将从根源上突破天然酶药物的桎梏，使纳米酶在对抗疾病的长征路上攀向新的高峰。

在医学的国度内，诊断与治疗常因技术壁垒成为隔河相望的孤岛。随着药物研发水平的不断进步，诊疗一体化的概念应运而生。这个概念产生于 2000 年前后，旨在将诊断试剂与治疗药物结合为一个有机的整体，达到"所见即所治"的境界。经由诊疗一体化理念所设计的药物正在临床研究的前沿领域大放异彩，许多放射性核素既能通过正电子发射计算机断层显像原理"瞄准"病灶部位，又能经由放射疗法实现"射击"；一系列化学探针既能通过荧光成像"绘制"病灶所在点的地图，又能经由激光照射及时进行"制导"；多种磁性金属既能通过磁共振成像"洞察"病灶情况，又能经由光热作用开展"奇袭"。

在科学家的精心设计下，纳米酶也正在掀起一股诊疗一体化的新风潮。纳米酶之所以有望成为这股风潮的引领者，源于其功能的进步性与集成性。不断提升的催化活性为纳米酶在诊断与治疗中良好的使用效果打下了坚实的基础。更为关键的是，纳米酶包容万象的结构还可以集成放射性核素、化学探针、磁性金属等多种材料于一身，从而将多种模式的成像与治疗手段完美整合。在此基础之上，纳米酶的表面还能够进一步修饰靶向疾病区域的功能元件，例如，抗体、多肽和化学小分子为纳米酶配备适用于不同环境的"GPS导航系统"。不难想象，利用纳米酶集成化的优势，研究人员可以根据患者的疾病类型、分期及个体差异，灵活地调整各个功能模块的组合方式，为每位患者的诊疗方案找到最优解。

今后，随着人工智能的发展，纳米酶在疾病治疗领域的设计思路经过理论计算与大数据机器学习的加持，必将得到优化。此外，结合患者的基因组和代谢特征，纳米酶药物有望实现从"千人一方"向"量体裁衣"式的个性化治疗转型。从实验台走向病床旁，纳米酶正在飞速前进。

环境保护中的催化新势力

　　环境污染，尤其是水体污染，正成为制约人类可持续发展的重要因素之一。工业废水排放、农业化学品残留以及城市生活污水中所携带的多种有毒物质，不仅威胁着生态系统的稳定，也威胁着饮用水安全和公众健康。传统的水质检测与处理技术，在应对日益复杂和多变的污染物种类时，常常面临灵敏度不足、处理效率低下、操作条件苛刻或成本过高等难题。在这样的背景下，纳米酶以其独特的物理化学属性和类酶催化活性，正在被人们重新定义为环境治理领域的重要参与者。

　　纳米酶最初被设计用于生物医学检测与治疗，但它们的催化特性和结构多样性使其天然适合拓展至更复杂的化学环境之中。近年来，研究者已成功利用不同类型的纳米酶实现了对水体中多种污染物的高灵敏度检测，包括重金属离子（如铅、汞、镉）、农药残留（如有机磷类、氯化物）、神经毒剂，以及各类微量有机毒素。这些检测通常借助纳米酶模拟天然氧化酶、过氧化物酶或超氧化物歧化酶的功能，通过对底物催化生成颜色变化、电化学信号或荧光信号，形成清晰的响应指标。与传统化学检测法相比，纳米酶不仅提高了检测的灵敏度和选择性，还显著简化了操作流程，减少了对大型仪器设备的依赖。

然而，纳米酶的价值并不止于污染物的"发现者"。在污染治理环节，纳米酶所展现出的催化降解能力，更使其具备"修复者"的潜力。研究显示，某些纳米酶可通过模拟过氧化物酶活性，分解苯酚类、芳香胺类、偶氮染料等常见有机污染物，将其转化为无毒或低毒的小分子，从而实现水体的原位净化。这些反应通常在温和条件下便可进行，无须高温高压，也无须引入复杂试剂，显著降低了处理有机污染物的成本与能耗。

更值得一提的是，许多环境应用中使用的纳米酶复合物还具有磁性。磁性纳米颗粒的引入使得催化剂的分离与重复利用变得异常便捷。处理结束后，外加磁场即可将纳米酶快速从水体中分离回收，不仅避免了"二次污染"的风险，也显著提升了材料的循环使用效率。这种集成了高催化效率、可编程表面功能、便捷回收性能于一体的特性，使纳米酶成为一种极具实用价值的环境功能材料。

当然，纳米酶在环境领域的应用仍在不断拓展。不同类型的污染物对催化剂的结构与表面活性有不同需求，因此，如何针对性地调控纳米酶的尺寸、形貌、表面官能团分布以及活性中心的构建，成为提升其催化效率与特异性的关键。目前，已有研究者探索将纳米酶与分子识别元件（如 DNA 适配体或分子印迹聚合物）结合，赋予其更强的污染物识别能力，从而实现更加精准的污染物定位与靶向降解。

可以预见，随着材料科学与环境工程的进一步交叉融合，纳米酶将在环境检测与治理中发挥越来越广泛的作用。它不仅能成为重金属离子与持久性有机污染物检测系统的核心组件，还能替代传统化学药剂成为下一代绿色催化净化材料。在可持续发展的框架下，将纳米酶引入水体修复、大气净化、土壤治理等更广泛的生态环境保护场景，有望带来治理理念与技术手段上的系统革新。

纳米酶从实验室走向自然环境，正是一次从微观催化到宏观生态的技术迁移。在这个过程中，纳米酶不仅继承了"酶"所代表的高效与选择性，也体现了"纳米材料"所具有的调控自由度与功能多样性。未来，当我们在面对污染治理的挑战时，借助纳米酶这种智慧催化新兴材料，或许能找到更智能、更绿色的解决路径。

纳米酶合成生物学：前生命 - 生命 - 后生命系统的闭环

如果纳米酶确曾参与过地球早期生命的诞生过程，那么它已经不能仅仅被看作一类简单的人工仿生材料，而是一种可能贯穿生命历史的催化剂。过去，纳米酶从无机走入生命，未来，它是否也能从生命走向人工生命？科学家将纳米酶的应用领域继续向合成生物学拓展。

合成生物学是一门研究如何像搭积木一样设计和改造生命系统的科学。它不仅帮助我们理解生命是如何运作的，也让我们有可能用人工方式创造新的生命功能。合成生物学正在改变我们制造药物、食品、燃料甚至处理污染的方式。通过重新编程微生物，它让"生物工厂"成为现实，也为疾病治疗和环境保护打开了新思路。

将纳米酶应用于合成生物学是一个极具前瞻性的设想，这个设想最初来自固氮纳米酶。

我们已经了解，由大气中的氮气转变为化合态氮的"固氮"过程，是支持地球生态系统运转和人类化工生产的基础。这种天然固氮酶在极其温和的条件下即可完成的过程，一直是工业界梦寐以求的反应。依赖于高温高压条件的哈伯－博施法，自发明一百多年以来，仍然是目前唯一的人工固氮方法。寻找一种在常温常压条件下进行高效固氮的人工催化体系，不仅是对科学技术的挑战，也关乎未来农业可持续性和生态环境的改善。

在天然固氮酶的启发下，科学家尝试设计了固氮纳米酶。这些纳米酶不仅在实验室用氮气制造出氨，还在田地里实实在在地使作物获得增产。这些纳米酶并不是简单地"复制"天然酶的结构，而是科学家在深入了解天然酶工作原理的基础上，设计出具有可调控表面和电子传递路径的人工版本。比如铁基单原子纳米酶，它的活性位点模仿了天然固氮酶中铁钼团簇的关键结构，能选择性地抓住氮气分子，并通过协同传递电子和质子的方式，打破氮气的牢固结构，把它还原成氨。

从技术发展的角度看，纳米酶固氮仍处于"功能验证"与"机制建构"阶段，但其所代表的仿生化学理念与材料可调性，正重新激活人们对人工固氮路径的设想。这种不再依赖极端工业条件的策略，或许将在未来农业、绿色能源乃至碳中和路径中扮演关键的角色。纳米酶或许不会取代哈伯－博施法，但它所开启的，是一条从自然借鉴、向精准设计进发的固氮新道路。

以固氮为起点，纳米酶展现出在仿生催化中的潜力，也为设计其他"自然中存在但人工体系难以实现"的催化反应提供了原型。

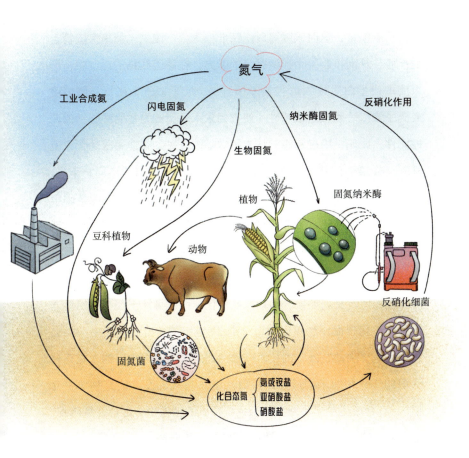

氮气

工业合成氨　　闪电固氮　　　　　　　纳米酶固氮　　反硝化作用

生物固氮

植物　　　　固氮纳米酶

豆科植物　　动物

反硝化细菌

固氮菌

化合态氮　氨或铵盐　亚硝酸盐　硝酸盐

固氮纳米酶为自然界增添新的绿色固氮途径

因此，纳米酶被看作是一种"可定制的催化模块"，可以和合成生物学中的各种技术手段结合起来，发挥更大的作用。我们不禁想象，在合成某些罕见氨基酸或复杂药物时，生物体内原有的代谢酶往往帮不上忙，这时候就可以"精准插入"一段纳米酶来完成特定的反应，从而拓展整个代谢路径的能力；在基因线路的设计中，纳米酶取代蛋白质或 RNA 控制基因开关，它们对光、磁场、酸碱度或离子浓度等刺激的敏感性，使它们未来有望成为基因线路新的调控元件，比如，用磁响应的纳米酶做基因开关，就能用磁场像"道岔"一样精确控制某个代谢通路的启动和多个通路的协同。未来，纳米酶或将不再只是仿生的终点，而是成为合成设计中的基础单元，与 DNA、RNA、蛋白质并列，构成更具适应性、稳定性与功能密度的"新型生命模块"。

从哲学上看，纳米酶的存在迫使我们重新思考生命的物质基础究竟应如何定义。如果一种功能性催化体系既可能出现在原始海洋热泉的矿化界面，也可以被设计进 21 世纪的合成细胞之中，那么它到底是"生命之外"的技术产物，还是"生命之中"的未被充分认识的成分？纳米酶成为连接自然进化与人工设计的某种"中介物"，在合成生物学不断向复杂系统拓展的过程中，这也许意味着，生命系统的边界可能远比我们设想的要更为开阔。

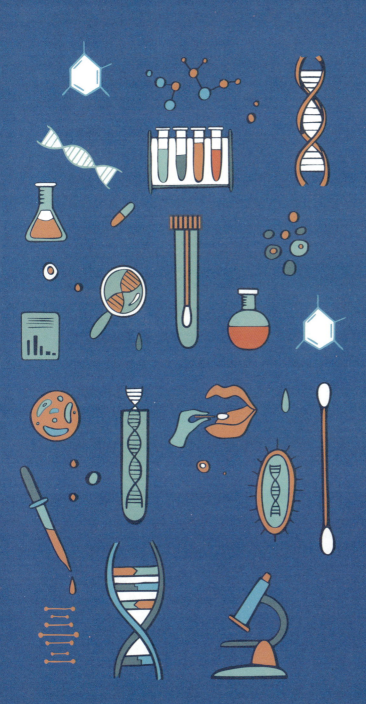

第六章

面向未来的智能催化体系

人类不断通过加强对物质世界的掌控，推动着文明前行，催化剂从被发现开始就扮演着推动这一过程的无形之手。从炼金术时代的金属粉末到工业革命的高压反应器，再到当代酶工程的精细调控，催化科技支撑着能源利用、化工合成、疾病治疗与环境保护等领域的进步和变革。

　　纳米酶作为一种具有材料属性的生命催化剂，不仅具有稳定、易制备的应用优势，还能够通过定向设计获得量体裁衣般的精准酶活，更因其对声、光、电、磁等外部物理刺激具备响应特性，使得催化过程实现可控与智能化。纳米酶的应用将不仅是催化剂的延续或迭代，它将为催化科学开启前所未有的进化路径，激发出超越以往想象的变革力量，成为下一代技术文明的"分子工具箱"。

　　在本章中，我们将以未来主义与科学幻想交织的视角，场景式探索纳米酶可能引领的变革性——它们或许将成为体内自修复系统的核心模块，支撑人体适应星际移民中的极端环境的人体适应；也可能成为智慧工厂与绿色农业中自主决策的催化单元，甚至在星球资源开发与新能源生成中，充当类似原始地球上"化学起点"的智能催化器。通过对这些未来图景的描绘，我们不仅想象纳米酶在技术层面的演进，也试图思考一个更深的命题——当催化不再只是物理化学反应的过程，而成为具有环境感知、条件响应、目标导向特性的"智能行动"，我们应如何重新理解生命与非生命、自然与人工之间那条日渐模糊的边界。

医疗健康：
从诊断到治疗的全周期守护

未来医学的发展正朝着更智能、更微创、更个性化的方向演进。在这一进程中，纳米酶以其类酶催化能力和环境响应特性，正在成为连接生理信号与治疗决策的关键节点。它们将疾病的发现、干预与修复精细化至分子尺度，使健康管理从被动应对走向实时调控。

可穿戴传感器：从汗液中读取身体的语言

早晨，一位 80 岁的独居老人起床了，她佩戴的智能手环已经自动上传了她一夜之间的代谢数据。手环里的柔性生物芯片内部嵌有多层纳米酶传感单元，能够随时检测汗液中的葡萄糖、尿素与 pH 值波动，自动判断是否存在血糖失衡或轻度脱水。

这一切的核心，是纳米酶对特定生物标志物的灵敏响应。由多酶活性纳米酶组成的检测单元，首先将汗液中的葡萄糖氧化，产物中的过氧化氢继续被纳米酶分解，配合微型电极产生可测电信号。柔性芯片将这些信号转化为诊断建议，并实时传送至医生端或家庭成员的手机。对于老年人、糖尿病患者或高血压人群，这种无创、实时、个性化的健康监护系统将重塑慢性病管理模式。

肿瘤药物新纪元：精准靶向与智能释放

在不远的将来，肿瘤治疗将走向高度精准、微创干预与智能响应并行的个性化治疗模式。纳米酶自身具有的催化活性、精准靶向和响应外部信号性能，使它成为符合未来肿瘤治疗发展趋势的绝佳药物。

例如，由四氧化三铁磁性纳米颗粒构成的纳米酶可被外部磁场精准引导至肿瘤组织，随后通过局部酸性微环境激活，催化产生活性氧，直接杀死癌细胞。更进一步，这些纳米酶还可与化疗药物协同释放，实现"双重打击"。通过光、热或 pH 敏感机制控制药物释放的时间与速度，大幅降低副作用，同时增强治疗效率。每一次给药都是一次计算精准、反馈闭环的"智能操作"。

再生医学：唤醒身体的自我修复密码

在组织再生领域，纳米酶正悄然扮演"环境调控者"的角色。以慢性创伤为例，纳米酶水凝胶敷料可以根据伤口周围活性氧水平动态调节催化活性，既可杀菌消炎，又能促进血管生成与细胞增殖。在复杂伤口治疗中，这种多重响应特性显得尤为关键。

纳米酶应用的另一个前沿领域是智能支架材料。在骨折或关节置换手术中，纳米酶嵌入可降解支架材料后，可通过过氧化物酶和过氧化氢酶多活性，平衡组织内的氧化应激状态，调节抗氧化因子水平或细胞迁移信号，显著提高愈合速度与质量。

在器官移植领域，纳米酶甚至被视为潜在的"免疫调节剂"。通过缓解氧化应激与局部炎症反应，它们有望降低排异反应，延长移植物寿命，推动器官再生从替代走向真正意义上的整合。

抗菌防护：看不见的盾牌，随身的防线

公共卫生领域，纳米酶抗菌涂层将成为"隐形防线"。以抗菌口罩为例，其表层嵌有光响应型纳米酶，阳光照射下可持续产生活性氧，破坏细菌细胞壁与病毒包膜，实现高效灭活。相比传统银离子涂层，纳米酶更加稳定、可反复使用，并具备更强的生物膜穿透能力。

手术器械涂层亦因纳米酶的引入焕发新生。纳米酶能够持续降解器械表面的微生物聚集，防止细菌生物膜形成，大幅降低术后感染风险。甚至在飞行器舱体内部，纳米酶抗菌材料也可作为微生物污染的清道夫，维持极端环境中的洁净度。

绿色合成：源自生命的化工

在不久的未来，地球上的许多化学反应将不再依赖于传统的高能耗、污染严重的化学催化剂，取而代之的是一种绿色而高效的方式——纳米酶催化的绿色合成。

绿氨合成：环境友好的化学工业

在一座巨大的绿色工厂里，没有浓重的废气，没有高大的烟囱。在这里，传统的氨合成工艺被彻底颠覆。纳米酶催化装置正高效地在常温常压条件下进行氨的合成反应，完全不依赖于传统的哈伯－博施法那种需要极高温度和压力的剧烈条件。纳米酶通过模仿自然界中的固氮酶，精确地加速氮气与氢气的反应，将它们转化为氨气。这个过程不仅节省了大量能源，还显著减少了温室气体的排放。每一个生产环节都与环境友好地共存，这无疑是人类化学工业的一次历史性飞跃。

合成生物学：为人类创造绿色原料

在未来的一座绿色能源生物工厂中，一片片悬浮着透明光罩的模块化反应仓像是飘浮在空中的细胞器。在每一个反应仓中，都运作着一套高度集成的纳米酶多酶体系。纳米酶按照仿生学和人工智能的协同设计原则，组合成了复杂而精密的"人工代谢通路"。它们组成的微型流水线，从最基本的原料——二氧化碳和水分子开始，一步步建构碳链、引导能量流动，最终合成高分子量的淀粉颗粒。整个过程不需要种植植物，不需要等待季节轮回，也不依赖阳光直射——光能由高效人工光源或清洁电能提供，满足反应仓内部的能量需求。

反应控制系统能够实时监控每一种中间产物的浓度变化，通过智能调度不同的纳米酶模块，精准调整催化节奏，就像细胞内对酶活性的精细调控一样。最终，反应仓中微小的淀粉颗粒逐渐聚集成稳定的胶体悬浮液，通过微型过滤和收集系统，缓缓沉淀、浓缩，变成可直接利用的生物原料。这些人工淀粉不仅能作为食品工业的基础原料，也可以根据需求调整分子结构，用于可降解塑料、生物电池、医疗载体等多种新兴应用领域。

这一切，在没有一片绿叶、没有一滴雨水的环境中发生。在人类智慧的驾驭下，从蓝细菌开始经历了自然界 30 多亿年进化的光合作用与纳米酶相遇，开启了全新的"演化"方向。

智能农业：
人工智能与作物交互的媒介

在未来的智能农业世界，传统意义上的"裸露农田"将成为过去。取而代之的是一座座生态工厂。巨大的封闭厂房由智能材料构成，外层镶嵌着能根据太阳位置自动调整透光率的薄膜，内部则是一个温度、湿度、二氧化碳浓度、光照强度、光谱分布全维度受控的微型气候系统。人工智能系统根据作物的基因特性和生长阶段，为每一株植物量身定制最优生长条件。纳米酶则成为人工智能与作物交互的媒介。

种子萌发的"智能程序"

纳米酶从种子萌发最初的阶段就开始介入作物的一生。每一粒种子都将被赋予一个"分子启动程序"，即一种包覆有多功能纳米酶的智能涂层。这种涂层不仅能在土壤中分解种皮表面残留的杀菌剂与农药，避免对胚芽造成潜在伤害，还能在吸收水分后释放微量的活性氧，刺激根系细胞分裂，增强其穿透力与营养吸收效率。

响应环境的"精准供养"

肥料以微米胶囊装载，外层包覆着纳米酶"触发装置"，能精准感知周边土壤的 pH 值、湿度、根系分泌物等信号的变化。当植物根系释放某种有机酸或酶类，触发机制便激活纳米酶，使其催化分解胶囊外壳，从而缓慢释放氮、磷、钾等养分，供植物定向吸收。这一过程如同作物在与土壤"对话"——我需要什么，纳米酶便"听懂"并精准响应，照顾到每一颗植株的个性化需求。

农作物的"分子哨兵"

病虫害常常是突如其来的打击。纳米酶芯片与传感器协作，构建了高度敏感的"生物雷达"系统。它们被嵌入作物茎叶表面、田间设备甚至温室内壁，实时捕捉微量病原代谢物或昆虫释放的信号分子。

当某种真菌开始在植物体表繁殖，其产生的特定代谢产物，如醇类、酮类，会被纳米酶识别，并通过一系列级联催化反应生成可检测的电子信号，传至中央控制平台。作为反馈，中央控制平台立即启动药物喷施设施，将真菌消灭于感染早期。

除了作为预警系统的传感器，纳米酶还将化身病虫害"杀手"，直接杀伤害虫。当日照强度达到特定阈值，玻璃温室空调通风口表面的纳米酶光膜启动，光响应纳米酶系统被激活，释放出短寿命的活性氧，一群刚刚试图从空调通风口钻入温室的蚜虫在几秒钟内被"狙击"。这些活性氧几分钟后便失活，既对害虫具备强大杀伤力，又对作物与环境无长期残留伤害。到了傍晚，光照减弱，系统自动进入休眠，静待下一次出击。

新能源：
纳米酶"点燃"能源新纪元

当传统能源日渐枯竭，人类迫切需要开辟出一条可持续、绿色的能源之路。纳米酶正在成为这条道路上的重要催化者。它们不仅模仿自然的能量转换机制，更通过工程优化实现了远超生物系统的效率。

氢能工厂："水中取火"

依赖化石燃料发电的供能方式已逐渐退出历史舞台。太阳能、风能发电成为能源系统的核心，而另一种微观力量正在成长——纳米酶产氢反应堆。

数十亿个人工合成的仿生纳米酶整齐排列，构建出三维的"反应森林"。在常温常压条件下，水被源源不断地催化为氢气分子。输送管道将产生的氢气送往纯化单元，经过简单的处理，纯度即可达到近乎100%。这些氢气一部分供给城市的燃料电池发电网络，另一部分被压缩成液态，用于航天发射场。

氢能之所以能够实现规模化，有赖于纳米酶产氢对以往电解水产氢需要高电压、高纯度水源与昂贵的电催化材料（如铂）的突破，其科学核心是对氢化酶活性位点的人工重构。科学家利用分子层沉积和原子级调控技术，构筑出类似氢化酶的铁－铁或镍－铁活性中心，温和而高效地将水变成永不耗竭的清洁能源。提高纳米酶在海水环境中的催化效率研究，也成为各国实验室竞相攻关的重点。

全球的能源格局将因此被改变。传统的高排放行业由于氢能的使用更早实现了碳中和。氢能的可储存性解决了风电、光伏等可再生能源过于依赖天气的不稳定性问题。地缘政治格局也因为化石燃料不再是唯一选择而重新调整，天然气管道的控制权不再成为政治博弈的筹码。

作为碳基生命，人类终于找到了与自然和谐共存的能源解决方案。

超快充电电池：从"分钟级"进入"秒级"时代

在一个清晨的城市中，电动汽车排着队缓缓驶入自动充电站。不同于传统充电桩，这里使用的是"纳米酶辅助电池系统"。电池内部嵌入一类特殊的纳米酶，它们能在数秒内催化分解电极表面形成的钝化膜，这些膜本是高倍率充电时阻碍电子流通的"瓶颈"。

当纳米酶工作时，电子如潮水般迅速通过电缆，实现 5 分钟内充入 80% 电量的目标。更重要的是，这种催化是可逆的，不会引起电池结构损伤，使电池寿命得以显著延长。城市的节奏因此被进一步加快，而充电等待时间长不再是出行的代价。

微生物燃料电池：污水中的绿色发电站

在偏远山区，一座由"纳米酶微生物燃料电池"系统支持的污水处理池正在运行。阳极表面负载着的多种纳米酶，模拟天然酶的代谢路径，精准催化污水中有机污染物的氧化反应，释放出的电子驱动燃料电池产电，为山村提供照明、供暖与通信支持。

这是能源与环境之间的完美闭环——污染物成为能量来源，处理过程本身不消耗化石燃料，也不排放额外的碳。随着系统模块化、小型化的发展，未来每户家庭都可能拥有一座"纳米酶电池池塘"。

环保：全能环境卫士

环境治理正从宏观工程转向微观调控。纳米酶为人类提供了一套前所未有的环境干预工具，其高选择性与多功能性，使其在大气、废水和土壤的污染物处理乃至核污染控制等方面展现出强大的潜力。

大气、土壤和海洋的全方位保护

在工业园区的尽头，一座座新式烟囱悄无声息地运转着。它们内部嵌有二氧化碳捕获与转化的纳米酶系统。这些纳米结构在气体通过时，选择性捕捉二氧化碳分子，并催化其转化为甲酸或甲醇——工业中可直接使用的碳中性原料。

这种"即捕即转化"的系统不仅避免了储存二氧化碳的高风险，也避免了其再排放，是碳中和战略中的关键一环。在未来，这种装置可能像空调一样进入每一个小型工厂，甚至家庭锅炉中，实现全民碳治理。

碳中性原料是指在包括获取、使用和处理过程在内的整个周期内不新增二氧化碳等温室气体排放，或是温室气体排放量可以被消耗量抵消的原材料。目前的碳中性原料主要包括利用生物质资源（如秸秆、果壳、木材、竹材）和二氧化碳合成燃料的原料，例如，用玉米、甘蔗提取的聚乳酸、乙醇，用二氧化碳合成的甲醇、甲烷等。碳中性原料通过可持续方式实现碳元素的循环和平衡。生产碳中性原料的技术难点在于生物质的高效转化。

在工业密集区的上空，曾经弥漫着氮氧化物、二氧化硫与颗粒物的灰霾，这是造成大气污染最主要的成分。如今，由纳米酶构成的大气净化网络分布在建筑外墙、交通干道上空的微型平台中，在常温下高效催化氮氧化物与二氧化硫，生成可回收的硝酸盐和硫酸盐。不仅省却高温能源消耗，更因其卓越的抗硫中毒能力，而长期稳定工作，替代了逐渐退出舞台的传统催化剂。

一片曾被有机氯农药长期污染的农田，传统修复手段无力清除其毒素，如今在纳米酶的催化作用下，这些毒素被迅速瓦解。这些拥有漆酶活性的纳米结构体，就像是埋伏在土壤中的分子级工程师，精准识别有机污染物并将其分解为无害物质。与此同时，它们多孔的结构像一张张隐形滤网，将潜藏其中的重金属离子一并捕捉，尤其是高毒性的六价铬，在类过氧化物酶活性的作用下，被还原为更安全的三价铬，从而完成土壤的深层净化。

转向浩渺的海面，纳米酶再次展现它们的适应力。在一次近海石油泄漏事故处理现场，精准封装于具有多重功能层的微囊结构之中的数以亿计的纳米酶被投放到污染区的海面，在可见光照射下启动反应，释放出活性氧，将致癌性强的多环芳烃污染物氧化分解成安全无毒的可进入生物代谢循环的中间体，效率远超以往任何物理打捞和化学分解方法。完成处理任务的微囊被水上机器人释放的低频磁场重新收集，等待下一次出勤。

核废料处理现场的极限清除

一个已经退役的核电站废料处理中心，周围已被设为封禁区。机器人穿梭于其中，它们携带的不是传统机械工具，而是一类耐高辐射纳米酶颗粒。这些纳米酶具有针对性识别锕系元素的能力，可将放射性极强的核废料稳定封存为不易迁移的化合物。即便在数百年后，这些封存物仍稳定不动，极大降低了长期泄露的风险。

在更极端的设想中，如果某座发生熔毁的核反应堆需要远程处理，搭载耐受高温的"解构酶"的纳米酶机器人深入核心区，逐层钝化核燃料碎片，将其切割、稳定，最终由机械臂回收。这是过去人力无法完成的"极限清除"任务，如今，人们可以通过纳米酶实现。

从治病救人到驱动绿色合成，从复苏土壤到净化水与空气，纳米酶正深刻改变着地球。而它终将服务于一个更宏大的命题：如何帮助生命超越地球的边界。

太空计划：从地球到外星的桥梁

在过去几十年间，人类向太空派出卫星和探测器，试探着在太空中留下足迹。而在未来一百年里，太空探索将进入"定居与体系建设"的新阶段。从近地轨道的常驻空间站，到月球南极的资源基地，再到驶向火星的远征飞船，人类正一步步突破地球文明的疆域，迈向星际空间的自主生存阶段。这不仅是航天工程的跃进，更是能源、材料、生命支持与生态循环技术的全面重构。纳米酶，作为可编程、可调控、可进化的催化单位，在这一进程中将贯穿能源、环境、健康、材料四大体系，担当起构筑生命支持闭环的支点。

让我们的思维摆脱最后一缕重力的束缚，飞向一个在时间与空间维度上都更为遥远的未来。

地球轨道：在轨可持续系统

随着人工智能、纳米技术和生物合成系统的发展，环绕地球的空间站，在未来的某天已经不仅是科研人员轮班值守的实验平台，而成为航天任务中转站和通向更遥远的深空的跳板。它可能是"地月高速"、"地火高速"的服务区，为飞船提供燃料补充和检修支持，也可能是拉格朗日点中转站，担当空间建材和能源制造基地。自主维生和持续演化能力使它成为一座漂浮的太空城市。

你悬浮在观察舱的透明弧形穹顶下，脚下是静静旋转的蓝色地球。这里是距地 500 公里的低轨空间站，在这里，每 90 分钟你就能看到地球"升起"和"降落"一次。舱外大气稀薄到近乎没有，在四周深邃的寂静中，只有引擎的运转和模块对接的机械律动，偶尔响起操控员发向月球前哨的指令。

能源舱运转着纳米酶产氢反应装置，它们嵌入多孔框架中形成立体阵列，在常温下持续将水催化为氢气。水源部分来自空气湿度凝结与循环冷凝系统，氢气则输送至小型燃料电池阵列，为空间站提供应急能源备用，确保在太阳能短时中断或姿态调整期间仍可维持关键系统运行。

舱内空气干净清冽，这是由于舱壁内部嵌入着由纳米酶催化膜组成的"呼吸层"，能够在检测到二氧化碳浓度升高或微量有机污染物时自动启动催化反应，将二氧化碳还原为氧气，并同步分解甲醛、乙醇等挥发性有机污染物，维持舱内空气清新可循环。

厨房旁，一排微型植物培养单元正在模拟月面重力环境中培育水培蔬菜。供养这些植物的，是一种含纳米酶的液体营养基，其中的催化复合体能高效分解由厨房与卫生系统回收的有机残渣，将其中的氮、磷、钾等元素被转化为植物可吸收的形式，形成空间站内部微型物质循环链。而其背后的核心，是一组仿照肝脏功能设计的纳米酶网络，被称作"合成代谢模块"，能够精准催化氨基化、磷解、脱毒等多个步骤，让资源被最大限度地再生利用。

通过纳米酶产氢反应装置完成燃料补给的货运飞船刚刚升空，推进器的燃气云团在太空中形成一道耀眼的光辉，短暂地照亮了周围的黑暗。它正携带着一批自动化建筑单元和可编程纳米催化模块奔赴月面，为未来的月球常驻基地带去第一批物资。

月球基地：生态闭环与资源再生

在月球的南极撞击坑边缘，一座银白色的月球基地模块搭建在高地之上。这里有永恒的阳光照射。而在咫尺之遥的坑内部，永久的阴影下有着丰富的水冰资源，架设在那里的纳米酶制氢模块正提取水并分解为氢气和氧气，经真空管道输送回主基地用于生命支持与推进剂合成。

而在科研舱内，一组微型自动化反应器正尝试从月壤中提取金属元素，纳米酶参与了其中的矿物分解与反应控制过程，使冶金流程更加温和和精确。这些提取出的钛、铁和硅将被人们用于3D打印下一代基地组件，实现基地结构的本地再生。

作为人们飞向更遥远的宇宙的"前哨"，月球基地还担当着建设封闭环境下生命保障系统及大尺度人造生物圈的使命。月壤下，一座全封闭人造生态舱正在运转。它不依赖地球供给，也与外部环境隔绝，支撑这套"生命微循环系统"的，正是纳米酶。

在空气循环单元中，一排排呈蜂窝状排列的"呼吸面板"嵌入了多种仿天然氧化酶与还原酶，模拟森林中叶绿体与线粒体的协同工作。二氧化碳在其催化下被分解为碳源与氧气，而甲烷、氨等挥发性气体也被快速还原。这些看似微弱的反应，在密闭空间里却构筑起可持续的"人工肺"。

封闭舱内的湿地系统，来自人类排泄、厨余和植物残渣的废水，它们先经过纳米酶催化的多级氧化处理，被有效去除有机污染，再借助"酶膜生物反应器"中的膜载纳米酶系统，实现选择性离子过滤与水回收。整个过程不需要剧烈加压或高温条件，仅靠酶的催化控制即可完成，稳定且能耗极低。

植物培育区域中，浮萍、矮番茄、藻类在纳米酶辅助的营养液中茁壮成长。根系吸收的不再是化学合成肥料，而是经过纳米酶分解重构的有机养分。即便是在月壤模拟介质中，纳米酶也能将非活性矿物质中的磷、钾转化为植物可吸收的形式，为类地农业的发展打下基础。

在这个生态封闭系统中，每一个气体分子、每一滴水、每一片叶，都在被纳米酶控制的节奏中完成转化与循环。一个完整的生态循环在这个极端的环境里被建立起来。这种全新的生态哲学，仿若地球，又超越地球——生命不再依赖自然环境，而是利用纳米酶搭建出催化反应的物质和能量流动。而当这一微型生物圈在月球上被成功运行，它将成为未来火星基地甚至深空探测船上的生命保障原型，为星际文明的征程带来第一次心跳，第一口呼吸。

纳米酶植物培养液

纳米酶气体循环处理系

膜载纳米酶多级水处理系统

未来的月球基地上，由纳米酶构筑的生态闭环和资源再生系统（想象）

火星定居：适应极端环境的系统集成

在位于火星乌托邦平原南缘的一处低洼地带，这里地势平坦，地热稳定，地下冰层距离地表不到两米，人类的第一个火星定居点就建设在这里。当你伫立在基地穹顶舱口，眼前是一片铺展开来的赤红色大地，在视野尽头的地平线上，一道橘红色的沙尘正缓缓卷起。日落后，由于大气稀薄，火星的夜空缀满更为璀璨的星辰，那颗明亮的蓝白相间的星，就是地球，月亮像一个闪亮的银点，伴随在地球身边。

在火星零下几十摄氏度的严寒环境和高强度的辐射中，耐低温的纳米酶成为能源系统、自循环生态系统和生命保障系统不可替代的核心元件。火星大气中的二氧化碳成为纳米酶光合系统取之不尽的原料，由辐射驱动的纳米酶人工光合作用系统和能源转换器更是把极端条件转换为便利条件，推动着基地内部氧气再生、碳元素循环乃至小规模温室植物培育系统的持续运转。

在宇航员进行外出活动或进入防辐射舱后，太空服内层的多层纳米酶包被结构在高能粒子照射下自动激活运行，不仅持续清除辐射诱导的活性氧自由基，还作为可穿戴传感器实时监测宇航员的生理状况。当宇航员的皮肤发生轻微创口或组织损伤时，纳米酶又化身可穿戴治疗仪，迅速介入微环境，调节 pH 值、抑制炎症反应，并促进局部修复。此外，太空服与宇航员体表紧贴的微型生理传感网络，依托纳米酶增强的信号处理模块，实时监测宇航员的核心体温、血氧水平、肌肉酸化状态与激素变化。一旦监测到异常，系统可自动调整服装内的温湿环境或发出预警信号，成为保障火星表面活动安全的关键生命辅助系统。

一场太阳风暴突然来袭，它带来的不仅是电离层紊乱，更是高强度的带电粒子流，这对基地设施和人员构成严重威胁。舱体表面嵌入的纳米酶防护层被激活，转化成高反应性的抗辐射状态，主动捕捉和中和渗入结构缝隙的高能粒子。与此同时，空气循环系统切换至"净化－闭环"模式，纳米酶组件利用催化反应高效去除空气中可能因辐射导致的挥发性有害物。

与此同时，搭载纳米酶检测器的地质机器人深入地下洞穴，利用催化反应灵敏解析地层中微量元素组成，快速构建三维矿藏分布图。富含硫化物和铁氧化物的样本被运回至转化基地，经由多步纳米酶催化流程，转化为火星基地急需的建筑结构材料与电子功能元件。风化层中丰富的硅酸盐与氧化物则被加工为轻质多孔材料，用于建造耐温差、抗辐射、气密性强的居住模块与科研舱体。纳米酶无声地塑造着火星生态化居住的每一寸基础条件……

也许在遥远的将来，当人类已经定居火星、穿越小行星带，甚至走向比邻星时，我们回望这一切的起点会发现，纳米酶象征的，不仅是在不依赖自然馈赠的空间中建构自组织的生命保障系统，更是人类第一次以"仿生催化"改写生命与环境之间关系的尝试。这场跨越生物边界、生态边界与行星边界的探索，才刚刚开始。